一图胜万言

沟通产品设计思维的手绘工具与方法

[美] 肯特·艾森胡斯(Kent Eisenhuth)　著
郝凝辉　译

清华大学出版社
北　京

北京市版权局著作权合同登记号 图字：01-2024-3083

图书在版编目（CIP）数据

一图胜万言：沟通产品设计思维的手绘工具与方法 /
(美) 肯特·艾森胡斯 (Kent Eisenhuth) 著；郝凝辉译.
北京：清华大学出版社, 2024. 10. -- ISBN 978-7-302-67416-0

Ⅰ. TB472

中国国家版本馆CIP数据核字第2024GP5176号

责任编辑：王　军
装帧设计：孔祥峰
责任校对：马遥遥
责任印制：杨　艳

出版发行：清华大学出版社
　　　　网　　　址：https://www.tup.com.cn, https://www.wqxuetang.com
　　　　地　　　址：北京清华大学学研大厦 A 座　　　邮　　编：100084
　　　　社　总　机：010-83470000　　　　　　　　邮　　购：010-62786544
　　　　投稿与读者服务：010-62776969, c-service@tup.tsinghua.edu.cn
　　　　质　量　反　馈：010-62772015, zhiliang@tup.tsinghua.edu.cn
印　装　者：三河市少明印务有限公司
经　　销：全国新华书店
开　　本：170mm×240mm　　印　张：13　　字　数：246 千字
版　　次：2024 年 10 月第 1 版　　印　次：2024 年 10 月第 1 次印刷
定　　价：59.80 元

产品编号：100602-01

中文版推荐序（一）

林茂

中央美术学院院长、教授、博士生导师

在数智技术日新月异的时代背景下，事物的交织在本就多元的艺术学科有着更为明显的体现。造型艺术、设计艺术、建筑艺术等多领域的聚合使设计不再拘泥于任何创作形式，设计的边界与形式正经历着深刻的变革，逐渐聚合为跨学科视域下的"大美术"。

在此背景下，郝凝辉教授的译著《一图胜万言：沟通产品设计思维的手绘工具与方法》应运而生。该书以其独到的视角和深邃的洞察力，从笔触到构图，全面剖析了手绘这一经典而富有生命力的设计语言，及其在现代化产业体系融合中所展现出的巨大潜力。巧妙地利用手绘这一视觉化手段，可以降低复杂概念沟通的壁垒，促进跨学科团队的紧密合作，为设计的跨界性与创新性提供有力的支撑。

本书的出版，不仅为设计学领域注入了一种回归本源的思维方式，更有助于手绘在人才培养、产业创新方面的应用。该书通过生动的案例和详实的解析，让设计师能够更加高效地传达创意，同时，也让非设计背景的团队成员能够轻松参与到设计过程中，真正体现了"人人皆可绘"的包容与开放理念。这一理念的提出，不仅激发了广大创作者的创造力，还为未来产业的构建和新质生产力的发展提供了关键的支持。

在此，我诚挚地向相关领域的设计师、创意工作从业者，以及对艺术创作有兴趣的读者推荐这本书。相信它将成为设计师们的案头宝典，帮助他们不断探索手绘与设计思维的无限可能，并在未来的创作工作中应用这些高效的绘图技巧，构建技巧背后的创新思维，共同推动设计创新与现代化产业的深度融合，为未来的社会进步与文化繁荣注入不竭的动力。

中文版推荐序（二）

鲁晓波

清华大学文科资深教授、国务院学位委员会设计学科评议组召集人、
教育部设计学类专业教学指导委员会主任、中国美术家协会副主席

自2005年清华大学美术学院信息艺术设计系创立以来，我在教学过程中亲眼见证了计算机工具的日益强大如何重塑人们的设计方式，同时也察觉到年轻一代的设计师正逐渐与手绘这一传统而高效的创作媒介产生疏离。在数智化时代的浪潮下，新一代信息技术的崛起与发展在令人瞩目的同时，也让创作者逐渐陷入了唯技术论的局限之中。在此背景下，得益于郝凝辉教授的翻译与推动，《一图胜万言：沟通产品设计思维的手绘工具与方法》一书的出版显得难能可贵。

本书强调了手绘在数智产品设计沟通和创造过程中的重要作用，并对这一质朴而强大的工具进行了深入探索与创新诠释。诚然，数字化的设计方式绝非数智产品设计的唯一路径，手绘在当今时代依旧有其特有的价值与魅力。

本书向我们展示了如何通过简洁的线条和形态，精准捕捉并传达复杂的设计概念，强调了手绘在激发创意、促进共识和增进团队合作中的关键作用，并通过实例证明，即使是最朴素的涂鸦，也能成为高效的沟通工具。书中对于如何使用手绘进行叙事、如何通过视觉语言增强信息传递效果，以及在设计过程中如何借助手绘解决实际问题的见解和建议，都颇为独到。本书主张应把握好手绘的实用性和艺术性的平衡，不该将其局限于艺术创作的范畴，而应将其视为推动产品成功的重要技能。

在教学实践中，我们屡次验证，图像相较于文字更能激发观者的直观理解与深刻记忆。作为一部探讨手绘在现代设计流程中角色的专著，本书借由丰富的手绘练习与案例来分享宝贵的手绘技巧与心得，正如本书书名所示，"一图胜万言"，它以图代文，直观简洁地引导读者领悟手绘如何融入设计

流程，使手绘不只是专属于设计师，也是每一位具备创新思维的开发者参与设计实践的有效途径。

综观全书，它不仅传授了实用的手绘技巧与方法，还更深层次地激发了我们对手绘这一经典设计形式的新认知与新感悟。本书鼓励设计师在"大加速"时代中重拾纸笔，回归纯粹的想象力与创造力，以高效而松弛的方式探索更多可能性。我坚信，无论你是设计师、产品经理，还是艺术设计爱好者，本书都将为你带来深刻的启发，助你用一根画笔将千丝万缕的创意升华，绽放出更加璀璨的光芒。

译 者 序

设计师应如何精准有效地传达他们天马行空的创意?

身处数智时代的我们或许已习惯将屏幕、鼠标和键盘作为思想的外延,以表达并实践我们的想法。肯特·艾森胡斯(Kent Eisenhuth)先生撰写的这部力作,犹如一股清泉,引领我们回溯至产品设计的本源,以平实且中肯的语言,重申了手绘在创意孵化与设计沟通中不可替代的地位。诚如唐纳德·诺曼(Donald Arthur Norman)所强调的,设计本质上就是一种科学的沟通行为。

作为本书的译者,我倍感荣幸能充当桥梁,将肯特先生对产品手绘的热忱及对创新设计的洞见分享给广大读者。在翻译过程中,我被书中那些既生动又详实的案例分析、流畅且深邃的论述,以及那些深入浅出的理论剖析深深吸引。身为设计师和教育者的我深刻地感受到,手绘是设计初期创意激发与形态构思的关键角色,掌握科学的手绘知识与技巧是通往设计卓越之境的必经之路。

肯特先生在本书中,结合他丰富的实践经验,向我们展示了手绘在产品设计领域的多元应用与无限魅力。从简明的草图勾勒,到繁复的流程图示;从直观的图表呈现,到富有感染力的视觉叙事,每一个实例都生动地阐述了手绘如何助力我们捕捉稍纵即逝的灵感,探索概念的边界,擘画创意的蓝图,并最终推动设计的创新。书中对于如何运用手绘引导观众视线,以及如何利用视觉语言强化信息传递效果的探讨,无疑将为读者开启一扇通往新知的大门。这些技巧不仅适用于产品设计,更广泛适用于日常的沟通与表达,是激发和提升个人创造力的宝贵资源。

查尔斯·伊姆斯(Charles Eames)曾言,"细节成就设计"。本书鼓励我们重拾画笔,以线条的粗细、长短、深浅,以及形态的千变万化,去描绘那些语言难以触及的复杂概念与抽象思维。正如书中所述，"线条拥有无限的可能性。当我们在绘制线条时，施加的方向、速度和压力都可以传递我们试图开发和分享的创意的相关信息。"肯特先生通过一系列实战案例向读者阐明，无论是设计师、产品经理还是工程师，凡怀揣创意之人，皆可通过手绘提升个人的创造力与沟通效率，以设计赋予思想雏形更深远的价值。

此书不仅是关于手绘技巧的进阶宝典，还是理解产品设计思维、探索系统性创新路径的指南。相信在数智化的今天，会有更多人因为这本书而愿意重拾手绘，并活学活用这一媒介，不断发掘并融合新的设计理念，创造出更多引人入胜的设计佳作，为产品设计的未来发展提供前瞻且新质的洞见。

愿此书可以帮助你，将脑海中的奇思妙想化作跃然纸上的感知图形，将流光瞬息的灵感火花璀璨绽放于世人眼前。

作者简介

肯特·艾森胡斯(Kent Eisenhuth)是英国皇家艺术学会的会员。他开发了多种可视化语言,借助这些语言可以提升包括Fitbit、谷歌云、Alphabet的Loon等谷歌产品的合作、理解和决策能力。他现在是谷歌的数据可访问性项目负责人,此前曾负责谷歌云的数据可视化项目,并参与撰写了材料设计的数据可视化规范。肯特的作品和想法已发表于诸多出版物上,包括《卫报》、*UXmatters*、美国计算机协会(ACM)期刊和*Smashing Magazine*。迄今为止,他出席了包括IxDA的互动设计大会、SXSW和以色列可视化会议在内的很多会议,并在会议上发表演讲和分享观点。此外,他还是美国几所大学的客座讲师。

致　谢

　　本书的写作颇具挑战性，但也收获颇丰。感谢在本书写作过程中给予我帮助的所有人员，在此表示诚挚的谢意。

　　感谢我的妻子贝弗利·艾森胡斯(Beverly Eisenhuth)，感谢你对我的信任，并从始至终无条件地支持我。没有你，就没有本书。

　　感谢曼努埃尔·利马(Manuel Lima)，感谢你鼓励我写这本书。你的经验和支持在我撰写本书的过程中给予我很大的帮助，有你这样一位出色的导师是我的福分。

　　感谢加里·希策曼(Gary Hitzemann)，你是我终身的导师，感谢你在本书的宣传过程中给予我的意见和建议。

　　感谢达瑞尔·兰兹(Darryl Rentz)，你为本书的宣传作出了特别贡献，并帮助我找到了适合本书的叙述风格与视角。

　　感谢我的所有导师和同事，包括凯文·理查森(Kevin Richardson)、马修·巴塞洛缪(Matthew Bartholomew)、丽贝卡·丹娜(Rebecca Danna)、希拉里·科云库(Hilal Koyuncu)、哈罗德·哈姆布罗斯(Harold Hambrose)和大卫·巴特尔(David Bartel)，是你们帮助我完善了本书的叙述，并就本书应该聚焦的主题提出了建议。

　　感谢克莱尔·科图诺(Clare Cotugno)，感谢你在我编辑本书初稿时给予我的帮助。更重要的是，你帮助我明确了自己的定位，并鼓励我在职业生涯早期就出书，让我找到了自己的写作技巧。克莱尔，没有你，本书就不可能问世。

　　感谢多年来帮助我提升绘画技能的所有人，包括弗雷德里克·韦策尔(Fredrick Wetzel)、加里·希策曼(Gary Hitzemann)、詹姆斯·A. 罗斯(James A Rose)、凯文·麦克洛斯基(Kevin McCloskey)、玛丽·莲雷曼(Marilyn Lehman)、蒂莫西·巴尔(Timothy Barr)和比尔·瓦伦(Bill Whalen)。

感谢其他作者、艺术家、建筑师和创意人为本书提供了自己的观点和同行评审，包括尼尔·科恩(Neil Cohn)博士、詹森·博拜(Jason Borbay)、约瑟夫·比翁多(Joseph Biondo)、丹·博雅斯基(Dan Boyarski)、大卫·布洛克(David Bullock)、史蒂夫·哈萨德(Steve Hassard)和卡罗琳·奈特(Carolyn Knight)，有机会与你们共度时光是整个写作过程中最令人愉快的记忆。

感谢Wiley的出版团队，包括吉姆·米娜特尔(Jim Minatel)、皮特·高根(Pete Gaughan)、特蕾西·布朗(Tracy Brown)和梅丽莎·布洛克(Melissa Burlock)，你们是最棒的，能跟你们合作真是荣幸之至，你们的建议、反馈和帮助，让这本书焕发出生机，我永远感激你们。

推 荐 序

　　绘画能力是每个人与生俱来的能力。当我们还在牙牙学语的年纪时，就会响应内心的召唤拿起画笔，一开始只是随意涂鸦或画一些线条，长大一点后可以绘制图案和几何形状。这些早期探索既是开发语言思维的基础，也是提高动手能力的关键。问题在于，虽然在儿童时期我们的绘画技能日渐提高，但此后随着年龄的增长，我们却往往会失去这种与生俱来的绘画能力，人们逐渐会认为绘画太幼稚或缺乏内在价值。更糟糕的是，我们对画画这件事开始变得越来越不自信，认为自己其实并不擅长，而最终我们忘记了绘画原本是一件多么令人愉快的事。

　　一方面，我们在学校花费多年时间掌握所有的规则和逻辑，学会如何应用字母表的26个字母去组词造句成篇；另一方面，我们却不知为何会假定绘画技能和视觉素养是无师自通的，不需要经过任何特定的专业训练就能习得。因此，大多数人最终会疏远自己与生俱来的手绘能力。这种现象在科技产业中尤为明显。在科技产业中，时不时就会出现一种新的数码工具，以不可预测的方式满足我们对视觉描绘的渴望。现代数码工具充斥着数不胜数的画笔风格，别出心裁的形状、轮廓和过渡，使得传统的手绘似乎成了过去。

　　不止一次，我看到设计师们跳过纸笔，竞相使用最新的数码工具，着迷于其酷炫的新功能，他们既没有对最初要创造什么进行深刻思考，也没有对构成他们宏伟构想的各种因素进行考量，其结果就是浪费了大量时间。

　　纸笔之所以很重要，不仅是因为它们在确定解决方案之前能帮助你对各种可能性进行深入思考，还在于它们是迭代过程中最具解放性的一步。如果你选择忽略这一关键步骤，你的想法就会立即受到工具和能力的制约。常有人让我给他们推荐设计和可视化工具，我的推荐显而易见：纸和笔。

　　在这方面，肯特(Kent)的这本书是一本极佳的指南，它致力于让用户体验设计师和数字产品创造者重拾纸笔。无论你是为网站、移动应用、电视系统服务，还是为游戏机开发新的用户界面，本书都有助于你在构建自己的组合视觉语言时表达原创想法。在这个过程中，你不仅可以节省大量重新制作线框和最终界面模拟的时间，还会发现不受条条框框羁绊的创造性思维的真正力量。

曼努埃尔·利马(Manuel Lima)

序 言

　　我童年的大部分时间都在绘画。在成长的过程中，因为我痴迷于建筑，所以立志要成为一名建筑设计师。图1是我当时随意创作的一幅建筑涂鸦。在与当地一名设计师(也是我的导师)完成了一项独立研究项目后，我很快学会了如何完善绘画技巧，并创建了属于自己的视觉风格，这种风格使我能够描绘出令人兴奋的创意图示。

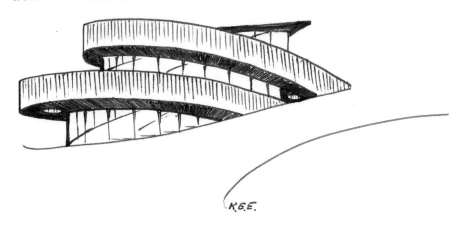

图1　建筑涂鸦

　　由于种种原因，我从未实现成为一名建筑师的目标，却踏上了用户体验(User Experience，UX)设计的道路。纵观我的职业生涯，我运用了很多我从小学到的思维方法、原则和技巧，并花费了很多时间来完善它们。我将水彩画、草图绘制和数字设计中的技巧结合，形成了自己的绘画风格，图2是我将这些不同的技巧结合起来的一个范例。这些技巧融合的结果就是：我经常在设计的前期就能和他人成功分享我的创意。

　　绘制草图可以使我的工作团队的想法更有创意。我已经能够熟练地运用绘画来挑战现状，探索新的想法，并分享我的各种奇思妙想。通过绘画，我的团队能够根据共同的创意及时调整以保持步调一致。

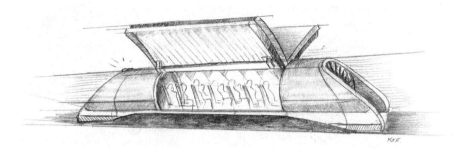

图2　草图范例

　　例如，我用手绘草图设计了一个首次用于控制家中灯光和遮阳窗帘移动的网络应用程序。此外，我还使用手绘草图说服客户，让他同意对科学家与原子力显微镜的交互方式做出改变。图3是我早期有关原子力显微镜的手绘概念图。

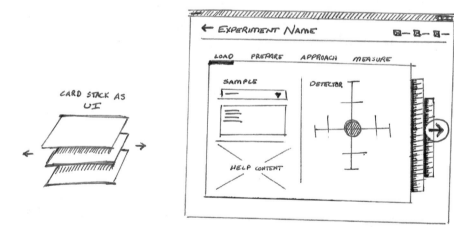

图3　原子力显微镜的手绘概念图

　　后来，在我的职业生涯中，我使用手绘草图帮助推销Rivet设备(谷歌提供的一款AI驱动的阅读技能练习软件)。此外，我还曾帮助一个由非专业设计师组成的团队对Rivet早期的最小化可行产品(MVP)的设计进行探索。

　　我还成功地制作了一份手绘演示文稿，说服了谷歌云团队放弃文本驱动的界面，转向使用视觉界面(应用可视化手段来突显数据中的洞见)。

在此，我想和大家分享我的成功经验，并坚信大家都可以拥有自己的手绘风格和技巧，且无需艺术天赋。我深信，通过对自身的手绘技巧稍作调整，就可以掌握本书内容，并且信心十足地绘制出类似图4所示的数字产品设计。最重要的是，你可以与团队一起创作出更具影响力的设计。

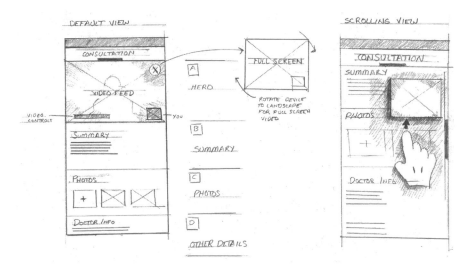

图4　数字产品设计

前　言

　　你是否觉得手绘遥不可及或令人生畏？很多人都这么认为，并且理由都很充分。手绘之所以令人生畏，是因为人们认为只有画家或者经验丰富的设计师才能做好它，并且需要正规的培训，但事实绝非如此。

　　如果你正在创作数字产品，却无设计背景，那么你应该阅读本书。在本书中，我把多年来的心得悉数分享，帮助你聚焦艺术才能，并将手绘和速写融入日常设计中。人脑处理图像的速度快于处理文字的速度，这是一个不争的事实。在有新想法要分享、合作开发时，图像是必不可少的语言。随着我们要解决的设计问题变得越来越复杂，设计思维越来越流行，身为数字产品设计师的我们会越来越认同本书所阐述的要点。

　　你目前在开发数字产品吗？你认为自己是设计师吗？如果答案是否定的，那么你想为创意过程作出贡献吗？事实证明，你可以而且应该这么做。实际上，你不仅可以做，还可以做得更好。随着设计问题变得复杂，设计师们会越来越仰仗像你这样的队友来共同设计解决方案。我坚信人人都是设计师，最好的想法要靠一个团队来实现。团队产品的成功可能得益于你的意见或建议，但你的手绘能力很有可能成为团队通往成功的敲门砖。

　　你已经是一名经验丰富的设计师了吗？草图绘制是你流程的关键部分吗？如果答案是肯定的，那么本书将使你对自己的手绘能力更加自信，并提供方法来使你的同事也能够参与设计流程，这样你们就能成为更好的合作者。

　　如果你不是一名设计师，那么更应该阅读本书。

　　你是一位主题专家吗？如果是，你可以通过绘图来确保团队设计师能看到并理解你在特定领域的观点。对他们来说，你的专业知识能否在最终产品中体现出来是非常重要的。

　　你是一名研究员吗？是的话，你可以使用手绘来确保你的用户体验(UX)研究和需求在团队的最终产品中得到充分体现。如果你是在一个"孤岛式"的组织中工作，手绘可以帮助你消除你和设计团队之间的界限。

　　你打算制造这个产品吗？你是否是工程师或开发人员？如果是，你可以通过手绘的方式设计出令人兴奋的解决方案，并且能够满足已确定的技术要求和约束条件。若你可以绘制出类似图5所示的框和箭头，就代表你已具备了手绘设计所需的技能，且足够用了。

　　记住，即使你不是一位备受好评的画家，也不是一名设计师，也能参与你所在团队的设计工作。

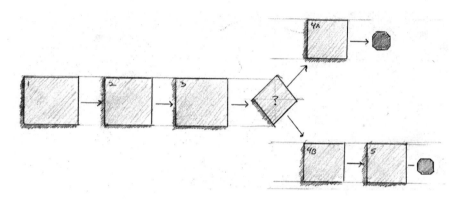

图5　带有框和箭头的流程图

　　那么，你的意向如何？准备好了吗？如果已准备好，就让我们开始吧！

目　录

第1章

为什么要学习绘图

伟大的数字产品始于伟大的设计，但伟大的设计并非凭空而来，需要花费时间做研究，并在设计过程中汲取众多参与者的独特视角。我一直把设计过程视为解决问题的一种形式，而随着技术的进步，问题变得愈发复杂。因此，我们所有职能部门的队友都越来越多地参与这一过程，不管他们是否意识到这一点。

在整个过程中，绘图是开发、测试以及合作实现新想法的关键方法，在产品开发过程中加入绘图有几个好处，如图1.1中的思维导图所示。

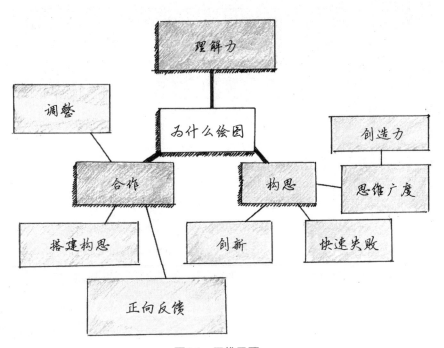

图1.1　思维导图

绘图能够帮助人表达自己的想法，一图胜万言。而绘图也经受住了时间的考验，它作为一种行之有效的交流工具已经使用了数万年。这点显而易见。图1.2是比姆贝特卡石窟壁画的再创作，是我的一幅手绘图，该石窟中的一些壁画距今已有三万年的历史。在当今的数字化时代，手绘比以往任何时候都更加重要。

图1.2　肯特·艾森胡斯的作品，基于比姆贝特卡壁画

要想把早期的想法表达出来，手绘是一种简便快捷的方式。让我们回顾有关绘图的好处的那张思维导图，进一步审视手绘在产品开发过程中提供的三种主要帮助。

1.1　探索新创意

手绘是一种低风险的练习，可以帮助你快速理解许多概念。起初，我通常从一些快速涂鸦开始，先注重数量而非质量，这有助于我消除先入为主的偏见，也迫使我考虑其他的解决方案。正因为如此，我的创意才能够源源不断，对于眼前的问题也会有更好的理解。

一般情况下，前几张绘图所描述的最初想法不太可取，反而是我的第四个、第五个，甚至是第六个涂鸦，才开始有那么点意思。

而且并非只有我一个人是这样的，我的老师大卫·布鲁克(David Bullock)曾说过："通过手绘把想法画在纸上，这种创意方法无可比拟，这样能有效避免被困于最初的想法，往往能找到更好的解决方案。当思维开拓之后，两个看似毫不相干的想法产生了联系，你就可以专注于寻找正确答案。"

在这个过程中，我发现无论多么糟糕的点子，先记录下来是很重要的，如此一来我就有更多精力专注于其他更有深意的点子。虽然我的大部分涂鸦都被丢进了垃圾桶，它们仅仅只是一些乱涂乱画，但这没关系，结果不重要，过程才重要。只有把它们写到纸上，我才能更好地理解为什么这样不行，并从中吸取教训，从而找到更好的解决办法。图1.3是我的一些快速涂鸦，它们可以帮我探索一些将公司内部组织结构可视化的想法。

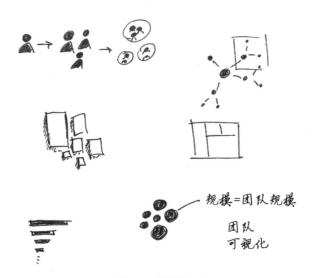

图1.3 快速涂鸦

有一次，我正在开发一个有关美国数字鸿沟问题的网站。我的目标是凸显美国城市和农村地区的居住人口差距，希望能够发现那些由于缺少高速互联网接入而使这些地区受到影响的关键问题。

我们的首要目标是比较这两类人群。因此，最显而易见的方法是做两个表格，一个表格列出所有以城市为主的县的名称及其总人口，以及未接入互联网的人数；另一个列出所有以农村为主的县的名称及其总人口，以及未接入互联网的人数，然后将这两个表格并排显示(见图1.4)。在这个过程中，第一步就是把那些显而易见的想法写在纸上。

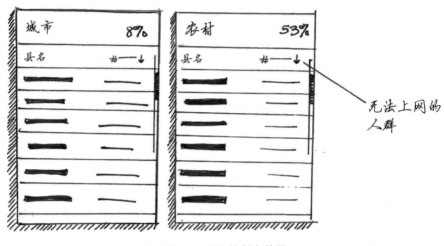

图1.4　最初的创意草图

一旦把这些想法写下来，就能更好地思考我想要分享的信息，以及展示这些信息背后的故事。因此，我开始思考如何使用不同的图表来更深刻地呈现问题。

例如，我探索了如何通过图表比较两类人群的互联网接入率。此外，我想知道哪些地区的人们受影响最大。最后，我想知道所产生的问题是如何影响这两类人群的，如图1.5所示，之后的探索呈现出更多深刻的见解。我甚至能够探索一些实验性的想法，这样就可以与我的队友以及项目利益相关者开始正确的交谈。

绘图可以让你迅速发现更好的替代方法来解决眼前的问题。它可以告诉你何时以及为什么应打破公司现有设计规则的束缚，而不是受限于眼前现成的方案。

绘图可以让你更切身地体会到你正试图解决的问题，并探索一系列有益于产品用户的解决方案。这个环节经常被忽视，等发现时却为时已晚。记住，产品团队永远不应满足于现状，我们需要突破工作的边界。我问你，你是想创造一个符合期望的产品还是一个超越期望的产品？

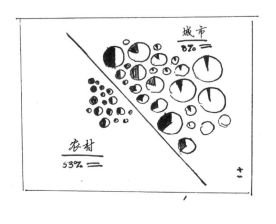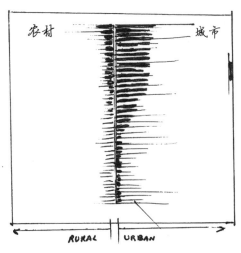

图1.5 数据可视化图表

1.2 达成共识

绘画对于概念理解来说至关重要，一张图片远比长篇大论更能让观众产生共鸣。要知道，人类最早的交流就是通过绘画的方式进行的。早期的书面语言通常使用象形文字来记录历史、思想和概念。随着表情符号和图片在我们的信息交流中使用得越来越多，感觉我们正在回归那个时代。

最近，我有机会与卡耐基梅隆大学的名誉教授丹·博雅斯基(Dan Boyarski)深入交谈。在我们聊天的过程中，他述说了他在卡耐基梅隆大学商学院课堂上的一次客座演讲的经历。

在演讲开始之前，他让商学院的学生讨论他们正在进行的一个项目。在这个项目中，个人和团队都致力于解决复杂的业务问题。博雅斯基教授询问是否有人想描述他们的问题。

一个学生站起身，花了大约两三分钟的时间介绍他的项目。最后，博雅斯基教授问全班同学是否都理解了这个问题，他的讲解是否清楚。结果是，大多数学生都保持了沉默，没有做出回应。

另一位学生站了起来，问他是否可以用椅子作为视觉辅助。他走到演讲厅的中央过道，介绍了他的团队试图解决的问题。他接着介绍说，很多人开车去上班，在他们到达办公室后，他们的车会在停车场停几个小时。他的团队想知道的是，没有车的人如何利用这些闲置车辆去开会或参加其他活动。每次提到停放的汽车时，他都会指向那把椅子。在他解释完后，博雅斯基教授问学生们是否理解这个问题。这一次，几个学生点了点头，当被问及原因时，学生们说："因为他借助了椅子。"

接着，博雅斯基教授要求第三组同学利用讲堂的白板来解释他们正在解决的问题。其中一位同学介绍了他们小组对于匹兹堡附近的三条河流上来回航行的驳船的看法。刚一说话，她就画了代表三条河流的线，如图1.6所示。

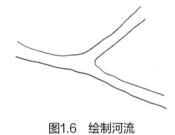

图1.6 绘制河流

之后，她描述了每条河上都有闸口，来来往往的驳船都必须通过这些闸口。说话的同时，她在三条河流上各画了一个闸口，还画了箱子，代表闸口处的驳船，如图1.7所示。

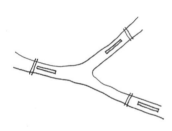

图1.7 绘制闸口

她继续描述每个闸口处都有一个小控制站，她画了小屋来代表这些控制站。每个控制站内都有几个管理员，他们利用闸门来管理水上交通。这是有必要的，因为每次只能有一艘驳船通过船闸。她在每个小屋旁边都画了人，如图1.8所示。

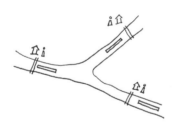

图1.8 绘制控制站和管理员

她说："我们的项目是研究一种高效、经济的方式，让这些人在控制河流上的驳船交通时能够相互交流。"她用线条将不同闸口的人连接起来，如图1.9所示。

笔刚放下，掌声四起。博雅斯基教授问学生为什么鼓掌，他们说这个同学用一张图来讲述故事，直观明了，他们可以很快地理解她所描述的问题。她没有谈论问题，而是通过绘图展示了问题。

她通过绘图帮助她的同学理解问题，从而打开了创意和合作之窗。

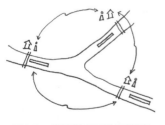

图1.9 描绘管理员沟通问题

1.3　增进合作

　　除了增进理解，绘图还能帮助我们构建各自的想法。随着设计思维成为主流做法，在白板上绘图已成为我们做出关键产品决策的方式。在有些公司，设计思维是产品开发过程的核心。在谷歌，我们使用设计冲刺(design sprint)来为复杂的设计问题创建解决方案。我们的跨职能团队会花费很多时间与设计师一起绘图和构思。关键的产品决策是在这些会议中做出的，而绘图是我们团队中用来构思和达成共识的主要协作工具。绘图是一种低风险的活动，在将大量的时间、资源和工作投入到一个想法之前，可以通过绘图来使我们的想法趋于一致。稍后我会分享更多这方面的内容。

1.4　手绘，你也可以

　　绘图只是一种手段。你的目的不是画出最好的图，而是为你的团队产品提供最好的结果。不过，既然知道这一点，为什么绘图还是如此令人生畏？

　　约瑟夫·比奥多(Joseph Biondo)是美国建筑师协会会员及拉法叶大学的建筑学教授，著有*House Equanimity*一书。如他所言，我们在很小的时候就停止了画画。当我们还是孩子时，我们的同龄人、父母和老师就开始对我们的绘画加以评论。因此，我们被限制了自身的技能，扼杀了自身的创造力，在大多数情况下，我们被迫放弃了绘画。这就是为什么我们中的大多数人都只有小孩子的绘画水平。就这本书而言，我们的绘画技术不需要太好，只要作品能够挂在自家厨房的冰箱上就行。

约瑟夫·比奥多论绘画的价值

　　在我的职业生涯早期，我曾有幸与美国建筑师协会会员、拉法叶大学建筑学教授，*House Equanimity*(奥斯卡·列拉·奥赫达出版社，2018)一书的作者约瑟夫·比奥多共事。以下是约瑟夫·比奥多教授的一些观点，包括绘画的价值，如何克服初学绘画的恐惧，以及绘画在沟通中的作用。

　　约瑟夫·比奥多教授鼓励我们每个人立即开始画画，并强调有必要回到文艺复兴时期。文艺复兴时期，建筑立意更加高远，人们通过手和简单的图画来表达需要做的事情，"过去每个人都是艺术家。"文艺复兴之后，制图工艺变得更加复杂。约瑟夫·比奥多教授倡导原始和简单，解释了建筑图纸中的极简主义。与承包商商讨问题时，只需要在建筑物的墙壁上画上几笔。一起绘图，就能够确保整个过程完全统一，人人参与其中。

图纸在设计的早期阶段尤其有价值。用铅笔绘图可以更好地控制线条，图1.10便是一个很好的例子。纸张的纹理非常重要，因为纹理会影响线条；线条的模糊性也很重要，它为与同伴进行更多的交流留下了空间。如果你画的是一幅高保真且线条分明的图，你就错失了这种讨论的机会。他将这种过度加工的画作称为精心编排的协作。

根据约瑟夫的说法，大多数学生在盯着空白画布、速写本或白板时都会感到害怕。他会要求学生随意地画上一笔，这一笔好比是生活中留下的印记。你会对此感到胆怯吗？你必须怀着好奇心和热情去靠近它。练习绘画，而且要经常画，这很重要。

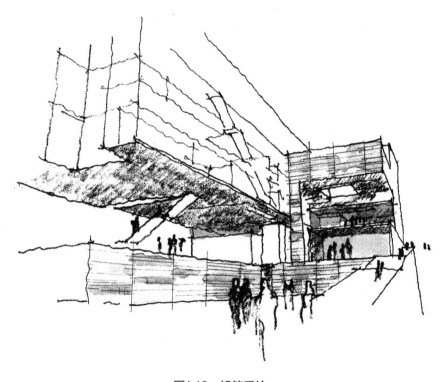

图1.10　铅笔手绘

只要你不执着于追求完美的画面，就能腾出脑力更多地专注于你想要表达的想法，你会自然而然地变得更擅长绘画。你想亲眼看看吗？那就让我们来试一试，请准备好纸笔。

首先，你要快速涂鸦，不需要任何思考，只管大胆地涂鸦。图1.11提供了一些涂鸦示例。

接下来，你可以按照图1.12所示绘制一个尖角和一个点吗？试试看。

瞧！只要在你的涂鸦上加一个点、一个尖角，你就画出了一群小鸟！图1.13提供了一些示例。

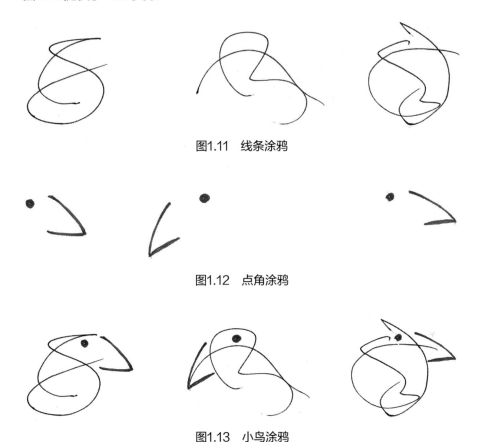

图1.11　线条涂鸦

图1.12　点角涂鸦

图1.13　小鸟涂鸦

不知道怎么把涂鸦变成一幅描绘小鸟的画作？你可能需要在添加尖角的时候来点创意。请查看图1.14以获得一些灵感，有时加个画框也行！

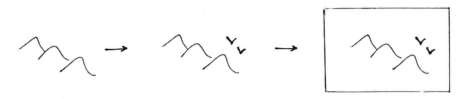

图1.14　创意涂鸦

　　你觉得这个方法对你有用吗？这个练习叫作"涂鸦鸟"，它是我在跨职能设计研讨会上使用的一个热身练习，目的是让每个人都能在较好的状态下开始绘制和探索新的产品创意。这不仅是一个很棒的热身练习，还能证明每个人都会绘画。在此，我非常感谢瓦沙利·贾恩(Vaishali Jain)，她是我的朋友、导师及同事，几年前是她向我介绍了这个练习。

　　如果你正在乘坐前往美国的飞机参加下一个会议，你在飞机上做了这个练习，那么你的绘画技巧或许能在飞机着陆前大幅提高。你甚至可以开始实践本书中的想法和概念，并与我一起作画。通过练习，你或许能在即将召开的会议上发挥出超强的协作能力。

1.5　恰当的时间，恰当的地点

　　在我们进一步讨论之前，让我们稍微花点时间来了解一件事——绘画需要讲究时间和场合。尽管在设计过程中，你可以在任何时候涂鸦和绘画，但是某些时候绘画会产生更好的效果，下面举几个例子来说明。

设计伊始

　　在设计过程中，我会尽可能早地采用绘图来表达想法。当我们刚开始着手寻求答案，以解决宏大且模棱两可的问题时，绘图的效果非常好。我会画一张思维导图或图表帮助我组织思路，了解问题的范围。还会画一张流程图帮助我理解用户的心路历程，从而更好地与他们产生共鸣。

　　一旦有些许想法，我就会把它们画下来，以探寻解决眼前问题的办法。通常，这个问题可以是一个可视化的概念或屏幕提案的流程。我会探索保守的想法，也会寻找前卫的灵感。在这个阶段，一个设计师每天画30张甚至更多的图都是很正常的，这是因为这个阶段就是要尽可能多地探索，以获取新的想法，毕竟这是一个低风险的活动。

　　我把这些金点子画下来之后，通常会让另一个设计师和研究员加入我的团队。我喜欢和他们一起画草图，这样我们可以互相交流想法。对我来说，这种合作在早期能检查我的想法是否合理。我的素描通常是示意性的，会留下很多想象的空间，这是有意而为之。我会尝试邀请其他人以我的想法为基础进行创作，我发现我最好的一些设计作品均始于和一两位同事一起画草图。

工作坊阶段

如前所述，绘图是必不可少的协作工具。有时，我们会以设计冲刺和工作坊的形式开展协作。卡罗琳·奈特(Carolyn Knight)和史蒂夫·哈萨德(Steve Hassard)是谷歌的两位设计冲刺带头人。你可能不了解设计冲刺，但它本质上是一个扩展设计工作坊的工具。卡罗琳和史蒂夫会与公司内外的众多团队一起进行设计冲刺。他们一致认为，绘图对冲刺过程至关重要，事实上，绘图适用于冲刺过程的大多数阶段。如果你了解谷歌风投的设计冲刺过程，并读过杰克·克纳普(Jake Knapp)、约翰·泽拉茨基(John Zeratsky)和布莱登·科威茨(Braden Kowitz)的著作*Sprint, How to Solve Big Problems and Test Ideas in Just Five Days*(Simon & Schuster, 2016)，可能就会知道这一点。

根据卡罗琳和史蒂夫的说法，从第一天的破冰活动开始，绘图对于设计冲刺的许多方面都特别关键。破冰活动能够很好地消除绘画障碍，随着冲刺的开展，破冰活动能够让工程师参与绘图中。对于房间里除设计师外的人来说，这样的破冰活动能够帮助他们解决许多问题。

随着研讨会的开展，人们可以通过图纸，尝试将那些看似完全不同的想法巧妙地结合起来。我还参与过许多其他的设计冲刺和研讨会，在这些活动中，想法的交叉碰撞以及围绕一两个大创意达成共识的过程真的很奇妙。

据卡罗琳和史蒂夫介绍，几乎每次冲刺都会用到某种形式的绘图，这些绘图可以让人们更好地理解一个想法的各个部分是如何更好地结合在一起的。在这种情况下，绘图是实现这一切的神奇工具。见证伟大的想法在这些会议中逐渐清晰和成形是非常奇妙的，绘图也成为我在设计过程中常用的一种方法。

促进对话

绘图还可以帮助你沟通复杂的话题，如博雅斯基教授在之前的讲座(见图1.6至图1.9)中提到的，这是一种非正式的展示而非讲述。当我从事咨询工作时，我会将设计应用于许多复杂的商业问题。

我想起了我在一家大型物流和卡车租赁公司的工作经历，当时我们正在帮助他们重新思考驾驶体验。在与主要高管的几次非正式讨论中，我们分享了我们的研究和发现。谈话过程变得非常复杂，我发现大家都陷入了沉思，一些人目光呆滞，而另外一些人只是盲目地坚持自己的观点。

因此，我开始绘制我们的想法思维导图。那时，白板还不是这个客户文化的一部分。起初，我并没有打算为眼前的对话增加任何价值，我只是在白板上胡乱涂鸦。在谈话的过程中，执行团队开始指着我的草图，并在谈话过程中引用它。有一次，客户物流部门的总裁离开他的座位并重新修改了我的大部分草图。当时，我感到不理解并且非常生气。

在谈话的短暂休息期间，我的导师马修·巴托洛缪(Matthew Bartholomew)目睹了这一幕，他说，我不应该生气，这些人能在我的思维导图上画画，已经是很了不得的事情了。

当我们的谈话继续进行时，其他高管也纷纷效仿这种做法。当看到其他人开始关注我的绘图，并将其用作促进和组织他们想法的交流工具时，我感到很惊讶。我原本以为是无稽之谈的东西，却为谈话增加了许多价值。

这段经历让我意识到绘画是一个多用途的工具。我还意识到，我需要在白板演示技巧上继续提升，因为我打算经常使用白板——那些不认为自己擅长"白板演示"的人尤其要这样做。

解开过程中的束缚

数字设计师和制作人(尤其是用户体验领域的工作者)都喜欢条理清晰、高效的工作流程。有时，这些流程太保守了。增添趣味性至关重要，画画是让流程变得有趣的一种形式。有时，一些古怪的涂鸦会让你的作品变得有个性，你之前涂鸦的那只鸟也许会在你的下一个设计演示中发挥作用。

享受绘画乐趣是解开这一束缚的良方。这样，你的同事、合作伙伴和利益相关者就可以轻松地参与整个创意过程，保持玩乐的心态将有助于你发挥最大的潜能。

获得正确的反馈

如果设计过程进行得很顺利，那么你将会得到团队的很多建设性反馈。一般来说，低保真绘图意味着你的想法还没有完全成熟，你正在寻求反馈。而当设计师展示计算机生成的高保真模型时，团队的其他成员不会对你试图构建的基本想法提供反馈，他们更有可能关注具体的细节。

几年前，我在重新设计一款非常知名的云产品时，从头开始构建了用户体验(UX)。在开始阶段，我通过绘图来探讨许多新想法，理解产品的信息架构，并探索一些新模式来导航产品。当我向利益相关者团队展示我的图纸时，一位非常杰出的工程总监打断了我的谈话，仅仅是为了感谢我展示了图纸。在这之后，我注意到他的团队成员重新振作起来，积极给出反馈并继续实践我的想法。这是一个伟大的时刻，尽管我对他的团队在过去从未分享过初步图样或流程感到很惊讶。

卡罗琳·奈特和史蒂夫·哈萨德：谷歌设计冲刺的领导者

在我与谷歌设计冲刺的领导者们共事期间，他们向我分享了他们的冲刺会议中的一些逸闻趣事。显然，绘画是冲刺文化的重要组成部分。下面是我们的谈话重点。

绘画在设计冲刺中的作用。

首先是破冰环节。有一次，设计冲刺的参与者被要求为旁边的人画一幅肖像。最初，这个要求真的吓坏了这些参与者。那一刻，每个参与者都面面相觑，好像在说，"我们能不这样做吗？"一旦一名参与者完成了练习，并且看到了别人对于练习的反应，房间里的氛围就发生了根本性的变化。对于一个跨部门的团队来说，这项活动帮助他们解决了需求，并为冲刺后期的更多合作打开了大门。

如果人们在绘画时感到舒适，那表明人们此时是开放和富有创造力的。让人们跳出自己的思维定式，给他们一点压力是有必要的。如果他们不采用绘图这种方式，设计就会变成列需求清单或材料清单，这对任何人都没有帮助。一图胜万言，绘图更利于快速推进项目，当工程和产品管理等不同职能部门的人员与设计团队进行合作时更是如此。

绘画如何帮助一个多样化的团队对一个难题"达成共识"。

在"黑客健康"会议期间，我们组织了一次设计冲刺，即为社会工作者设计一款APP。我们邀请了其他一般利益相关者参与，他们有的从事教育工作，有的是社会工作者等。绘图有助于许多具有不同背景的人(包括医生、护士、社会工作者、教育工作者和一般利益相关者)对问题范围达成共识。我们的团队绘制了问题范围图，该图的视觉效果意义非凡，没有这张图，人们很难朝着一个方向进行研讨。

绘画如何帮助人们共同为新的想法出谋划策。

我们在圣何塞市举行了一次冲刺以改善311和911呼叫中心的体验。参与者只要过一段时间就能够进入构思阶段，不会因某些束缚而陷入思维困境。

通过绘画，参与者能够沉浸在自己的思考中，无论他们的想法有多么"不现实"。只要他们分享了自己的想法，就能在绘画中重复这些想法，并进入正确的头脑风暴模式。如果不预留充足的个人画画时间，这种情况就不会发生，因为人们可能会过早地打断和否决一个人的想法。

挑战现状

如果你是设计师，请记住一点，绘画开启了人们近年来逐渐遗忘的创作流程。

通常，大多数数字产品的设计都是基于某种组件库，人们会忍不住直接使用库的预定义模式、组件和标签页。设计师很容易养成使用现成模板、图案和设计来创建高保真设计的习惯。一些设计师以此为荣，坚持认为这是正确的选择，尽管这对于成熟的产品来说可能有效，但对新的挑战却不起作用。在我看来，当对新挑战使用套路时，我们就可能错失了机会。

第2章

重构我们的思维

从历史角度看，绘画一直被认为是一种遗传的天赋。在我们成长的过程中，我们认为只有对环境中的物体进行准确描述，才能画好一幅画。能够在一张空白的画布或纸上准确地画出复杂的图像需要非凡的天赋，而能够做好这件事的人称得上真正的艺术家。可以说，正是这种对绘画的看法阻碍了成年人在画画方面的尝试。

学习绘画的最佳方式之一就是直接开始画。让我们先画几幅画，这需要几分钟的时间。顺便说一下，这是曼努埃尔·利马(Manuel Lima)介绍的一个练习，我们想与数据可视化研讨会的与会者分享这个练习。这个练习基于圣地亚哥·奥尔蒂斯(Santiago Ortiz)的工作经验和文章"45种表示两个数量的方法"(*45 Ways To Represent Two Quantities*)，请找到并拿起离你最近的笔和纸，思考一下图2.1中的两个数字。

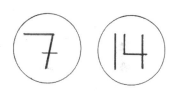

图2.1　数字7和14

你可以用多少种方式来表示这些数值？请花几分钟思考一下，并在素描板上记下这些想法。该问题没有标准答案，旨在激发发散性思维。就像在数字产品设计和用户体验中，我们经常为了解决同一个问题探索许多概念和想法一样，我们将在这个练习中运用同样的思维方式，想出多种方法来可视化这两个数值。

试着每分钟都想出一幅新画，因为这是一个开放性的练习。如果你认为自己的想法没问题，那就试试吧。在练习的最后，你会惊讶于自己的这些想法，请把这些想法记录下来然后继续。

图2.2　罗马数字7和14

图2.3　刻度线和斜线表示法

有很多方法可用来表示这些数值，以下是我自己的一些探索。我首先使用备选字符表示7和14，如图2.2所示，采用的就是罗马数字。

另一种表示这些数值的方法是使用一系列的刻度线和斜线，每条斜线代表5的倍数，如图2.3所示。如果你也喜欢棋盘游戏，就会发现这是一些游戏中常用的记分方式。

在图2.4中，我把线条变成了更抽象的东西，比如点。我使用基本的格式塔(Gestalt)原理来创建点的视觉分组。第一组有7个点。第二组有14个点。

图2.4　点表示法

下面是另一个例子——我没有使用点，而是使用了基本的形状，比如图2.5所示的互锁三角形。

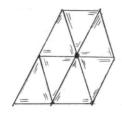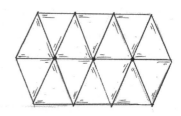

图2.5　三角形表示法

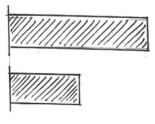

图2.6　线条表示法

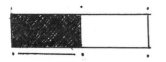

图2.7　线条组合表示法

现在，我们思考一下这两个数字之间的关系。考虑使用基本元素，如不同长度的线条。一个线条的长度可以是另一个线条的一半，因为14的一半是7，如图2.6所示。也可以把它们合并成一个形状，并分成两半如图2.7所示。

我也想过用时钟来表示这些数值，如图2.8所示。我通过画一个时钟来表示700小时和1400小时。这看起来可能有点前卫和抽象，但它仍然是有用的。

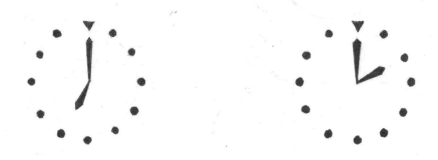

图2.8 时钟表示法

这些表示方法都是独一无二的，但它们的共同点比你想象的要多。我大胆猜测下，你所有的画都可以提炼成相同的基本形状和标记。这些基本的形状和标记是我们为描述两个数值而开发的原始视觉词汇的一部分。在本章中，我们将仔细研究并分解练习中的每个例子。

2.1 逐步分解

下面提炼数值7和14的所有表示形式，形成图2.9所示的拼贴画。请查看该拼贴画中的元素，你能在前面的练习中找到它们吗？

图2.9 拼贴画

罗马数字是由相连的线条组成的。图2.10中的箭头指向拼贴画中的基本形状和标记，我曾用它来画罗马数字。

图2.10 线条元素

我画了两个点簇，一个由7个点组成，另一个由14个点组成。图2.11中的箭头强调了表示这两个数值所用的元素。在这种情况下，一个点被重复使用了多次。

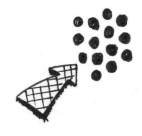

图2.11　点元素

在接下里的例子中，我画了一组原始的形状，并分别用7个和14个的互锁三角形来表示这两个数值，如图2.12所示。

图2.12　三角形元素

在对7和14之间的关系进行可视化时，我画了两个方框，如图2.13所示。其中，第二个是第一个长度的一半，分别代表这两个数值。另外，我在方框上加了一些阴影，给画作增添一些活力和特点。然而，这并不是必需的。

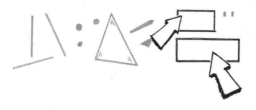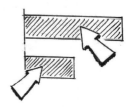

图2.13　方框元素

你能找到图2.14所示的时钟图中使用的形状吗？这些基本的线条、点和形状是我为描述数值而开发的原始视觉语言的基本词汇的一部分，用来表示数值7和14。

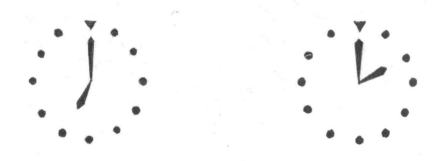

图2.14　多种元素

我建议你思考如何将图2.15中的图形以其他方式组合起来以表示数值7和14。如果你用心去思考，会发现可能性是无穷无尽的。

图2.15　元素集合

2.2　系统简介

当我们谈论绘制数字产品的体验时，绘画是达到目的的一种有效手段。绘画不仅可用来明确你的想法，还可作为开发、调整、合作和分享的工具。这是一个支持我们实现最终结果的工具，而且不需要我们有多高的绘画天赋，正如第1章中的"小鸟"练习所展示的那样，任何人都可以绘画。

在我职业生涯的前15年里，我开始意识到，我一直在重复使用相同的基本符号来绘制我的数字产品创意。你在分析数值7和14的绘图时，可能也意识到了这一点。虽然我认为我的画是彻头彻尾的垃圾(我是受过专业训练的艺术家)，但我受到了很多设计同事的赞美，他们称赞我的图很好地表达了我的想法。

很明显，我的绘画系统是有效的。在我职业生涯的后期，将绘画作为一个系统的想法已渐渐成形。我意识到有些作者和学者已将绘画视为一种视觉语言。语言就是一种系统，我意识到对自己工作的假设正把我引向某个方向。

当我继续研究时，我参考了视觉语言实验室的创始人尼尔·科恩(Neil Cohn)博士的研究和著作，科恩博士是《漫画的视觉语言》(*The Visual Language of Comics*，Bloomsbury Academic, 2014)的作者。他验证了我在日常工作中对绘画的很多想法。他提出绘画是由视觉词汇组成的，具有规则化和标志性的意义。在下面的案例中，我们会与设计和制造数字产品的设计师进行合作。

尼尔·科恩博士：绘画是一种视觉语言

科恩博士将绘画解释为一种视觉语言，而语言是用来说明系统的一个很好的例子。语言由一些词组成，这些词可以通过组合和结构化来表达不同的意思。此外，结构和基本的视觉语法也可应用于图像，以传达信息和讲故事。

科恩博士在荷兰的蒂尔堡大学教授绘画课程。多年来，他一直在对自己教授绘画的方式进行优化。首先，他会问学生："你能说话吗？"全班同学的反应是压倒性的肯定。下一步，他会问他们"用什么语言说话"，这个问题会得到一系列的答案，通常是各种语言，包括英语、西班牙语、德语等。接下来的问题就是："你会画画吗？你画的是什么？"这两个问题的答案通常都是多种多样的。首先，不是每个人都认为自己会绘画。根据科恩博士的说法，针对这两组问题没有一组类似的答案，且这些问题的答案是不对称的。

当说一种特定的语言，如法语、英语或西班牙语时，我们会选择自己知道的词汇。如果我们把绘画看作一种语言，应该也有一种潜在的词汇与之相应，这些语言也有特定的结构和语法。

那么，绘画该如何适用于数字产品？对于在这个领域工作的人来说，我们谈论的是"数字产品"。我们的视觉词汇是由已经熟悉的符号和形状组成的，例如UI组件、屏幕和经常使用的图形单元。如果我们能够自如地绘制这些基本单元，就能在数字产品视觉语言中建立自己的视觉词汇。

　　假设我们的视觉语言是用户体验(UX)设计或数字产品设计，那么我们的图画将由形状组成，类似于我们在大多数应用中使用的互动元素。如图2.16所示，其中一些元素可能是基于屏幕的，包括表单字段、按钮、复选框、鼠标光标、列表、表格和图表。

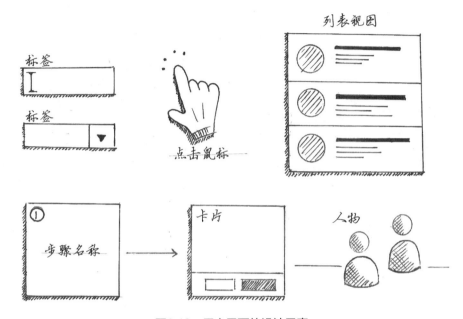

图2.16　用户界面的设计元素

　　另外，我们也需要绘制非基于屏幕的元素来表达我们的想法，如图2.17所示。这可能包括基本的人物形象、设备和各种图表，这些将方便我们组织思想和研究成果，这就是绘图系统的开始。现在，我们将绘图与另一个系统进行比较，我认为这个系统更有趣。

图2.17　非屏幕元素

我喜欢将绘画比作一种流行的建筑玩具。乐高积木是我童年的一个重要组成部分。事实上，我在我家的地下室里放有56套完整的乐高积木，这个空间是每个创作者的梦想。实际上，在20世纪80年代，乐高公司称自己为乐高系统。这是因为他们确实是一个系统。你知道你可以将6块标准的4x2乐高积木(见图2.18)组合成超过9.15亿种组合吗(Eilers, 2005)？

图2.18　乐高积木

乐高提供了几种不同配置的标准积木类型，每块积木都有自己的用途。有1x1、2x1、2x2、3x2和4x2的配置，积木形状可以是圆柱体、正方形、长方形和三角形。这些积木块有无数种组合方式，能组合成任何一种我们可以想象的模型。当我们看到最终结果时，我们会将模型视为一个整体，即各部分的总和，如图2.19所示。

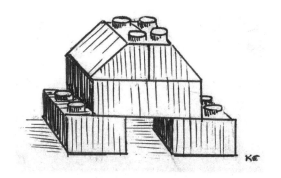

图2.19　积木组合

一个好的产品设计图应该使我们能够把注意力集中在整个解决方案(即各部分的总和)上。现在，让我们回到原始的图标、形状和符号，我们可以用它们来表示数字产品中的基本UI元素。这些元素可以以无限的方式进行组合，就像可以用乐高积木搭建任何我们想要的模型一样，如图2.20所示。

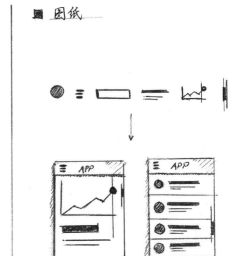

图2.20　元素组合

　　我想我们可以从这些隐喻中有所收获，并把绘图视为一个系统。如果我让你思考如何将产品图拆分成一些基本的、可重复使用的、类似乐高积木零部件的元素，你可能很难做到。当你坐在一张空白的画布前试图绘制一个实物时，你可能也会有类似的感受。不过，一旦你知道自己要做什么，一切都变得简单起来。

2.3　常见的图

　　我将用一种有效的方式分享一些常见的UX图，我会把这些图化整为零，类似于拆分乐高积木块。如果你从事数字体验创建工作，那么可能会在产品团队的日常工作中使用这些图纸，以下是几乎每个数字产品设计过程中都会用到的几种图纸。当然，如果你在这个领域工作，你可能已经见过它们了。现在，让我们来了解它们的用途，并介绍如何拆解它们。

站点地图

　　站点地图类似于思维导图，它们自上而下的分层布局有助于我们理解提议的导航方案和内容结构，图2.21是一个移动健康追踪应用的屏幕映射图。

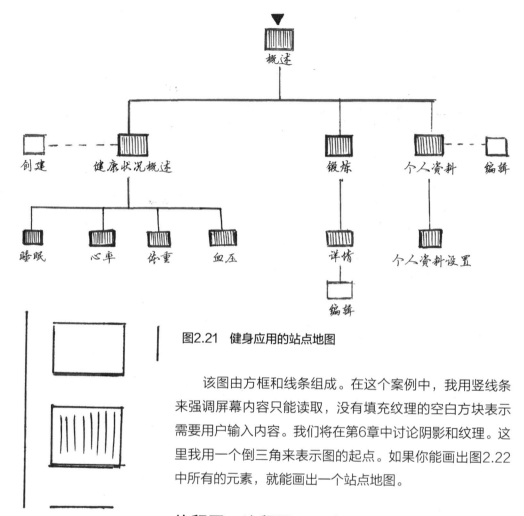

图2.21　健身应用的站点地图

该图由方框和线条组成。在这个案例中，我用竖线条来强调屏幕内容只能读取，没有填充纹理的空白方块表示需要用户输入内容。我们将在第6章中讨论阴影和纹理。这里我用一个倒三角来表示图的起点。如果你能画出图2.22中所有的元素，就能画出一个站点地图。

旅程图、流程图和顺序图

顺序图可用于绘制流程、行程和系统。在设计中，它们常用来展现用户所完成的行程和任务。任何行程、序列或过程都可以用顺序图来展现。

我们可以用顺序图来捕捉任何过程，甚至是简单的日常操作过程。下面三幅图简单地描述了制备烤红薯的过程。先把红薯洗干净，如图2.23所示；然后削皮、切成小块，如图2.24所示；最后，裹上橄榄油，加入调味料，放进烤箱中，如图2.25所示。

图2.22　站点地图中使用的绘画元素

图2.23　"冲洗"步骤

图2.24　"削皮、切块"步骤

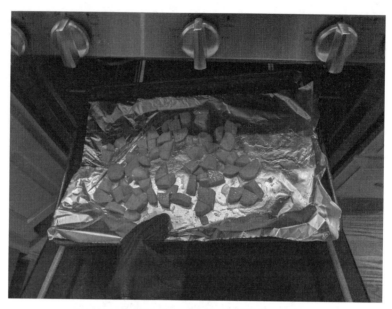

图2.25　"烘烤"步骤

图2.23、图2.24、图2.25所示的步骤可用图2.26所示的流程图来演示。

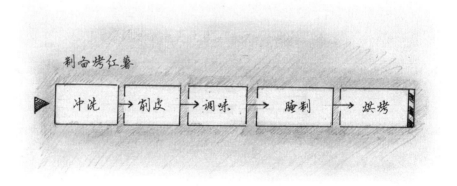

图2.26　烤红薯流程草图

当我们重新设计一款数字产品时，通常会先绘制在应用程序中完成任务或实现目标的流程图，并利用它确定流程中的痛点。流程图有助于移除或合并步骤以及排除流程中的用户痛点，能为创建并改进流程提供指导，为产品再设计指明方向。

回到我们刚刚介绍过的健身应用(见图2.21)。我们来绘制一个流程图，看看运动员如何查看和修改健身应用自动追踪的最近一次跑步的详情。该流程图可能看起来如图2.27所示。

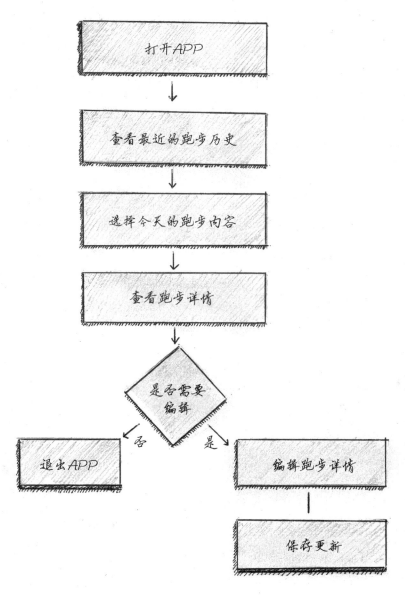

锻炼/跑步情况追踪

打开APP

查看最近的跑步历史

选择今天的跑步内容

查看跑步详情

是否需要编辑

否

退出APP

是

编辑跑步详情

保存更新

图2.27　健身应用的流程草图

　　这些流程图由方框、箭头、重复的线条以及少量图标组成，应该包含一个形状或者符号，以明确流程的起点，图2.28展示了这些流程图中使用的元素。

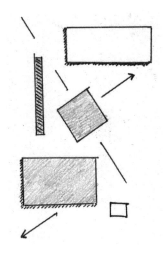

图2.28　前面流程草图中使用的绘画元素

思维导图

　　思维导图能很好地组织信息，常被产品设计团队用于组织想法、思路和研究成果。由于其树状结构，思维导图用于信息分层的效果极佳。图2.29描绘了我为第1章的思维导图创建的另一种表示形式，它对绘画的好处进行了展示和分类。一图胜万言，绘图的好处更加清晰明了。

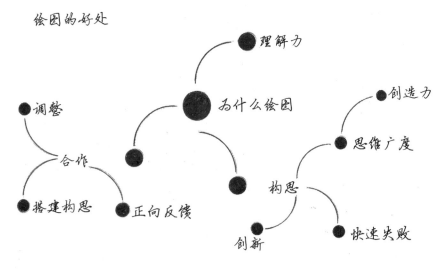

图2.29　思维导图

　　请看一下图2.30所示的思维导图，你会发现它只是一簇由线条连接而成的点。如果你对绘画不够熟悉，那么点和线对你来说是最容易画的东西。

图2.30　创意思维导图

数字产品、屏幕、界面及组件

　　我们经常要为我们的新产品设计界面和屏幕。在图2.31中，你可以看到一些界面样图，左边的图可能表示一个移动应用的某个界面，右边的图则表示桌面仪表板的一部分。乍一看，可能觉得这些图很复杂，你能把它们拆解成基本元素吗？

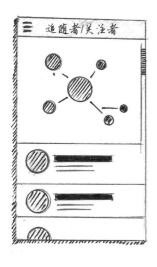
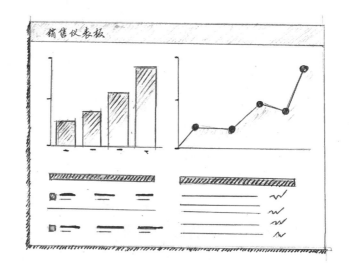

图2.31　界面和屏幕

　　绘图中的基本形状反映了设备屏幕(用于显示我们的应用程序)的实际形状，如图2.32所示，我们通常用方框来表示矩形设备，用圆圈来表示诸如手表一类的物品。

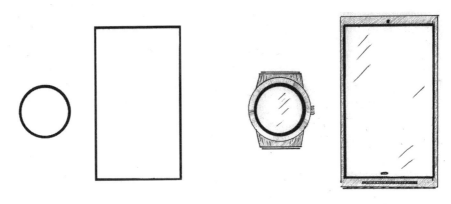

图2.32　绘图中的基本形状

　　屏幕布局中的界面元素是由基本形状、点和线组成的。让我们看一下图2.33所示的例子，我们可以用粗线条表示标题，稍细一点的线条组表示文本(图左、图中)，带"X"的方框表示某个图像或图标(图中)，方框组合表示表单输入及按钮(图右)。我们将在后面的章节讨论更多的细节。

图2.33　屏幕组件示例

图2.34展示了你将要和团队一起创建的主要图表和绘图。

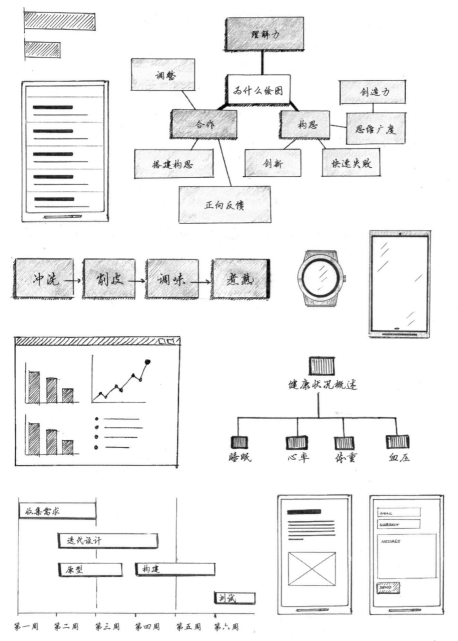

图2.34　用户体验(UX)设计草图

　　盘点一下我们使用过的形状和元素，你会发现它们有很多共同点，我们可以把它们提炼成图2.35所示的基本形状和线条，即使加上阴影，也只是某个基本图形的变体。而这些形状和线条，便是我们构建可视化图库的材料。

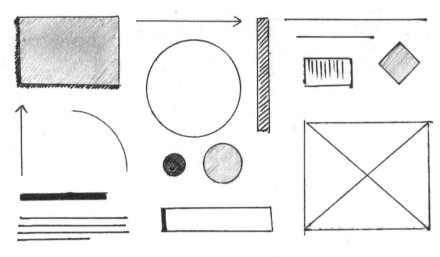

图2.35　基本形状和线条

　　如果能把一幅图提炼成这些基本形式，就会发现绘画变得更容易了，也能更快地掌握它。你可以花更少的时间思考该如何作画，继而留出更多的时间思考其背后的理念。

　　接下来，我们将更详细地研究我们在纸上做的标记，以便绘制这些常见的元素。

第3章

点和线

　　我们已经回顾了一些常见的绘图，并将它们分解为基本的元素或构建模块，现在我们进一步讨论这些元素，如图3.1所示。

　　下面介绍用来绘制这些形状的线和点，注意这些标记是如何决定一张绘图的成败的，它们可以体现出你想法的本质和同事对你想法的看法。

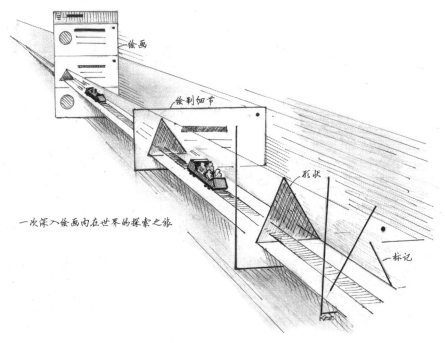

图3.1　走进绘图的世界，一图胜万言

简单的线条可以用来讲述一个内涵丰富的故事，而良好的绘制方式可以传达很多信息。让我们看看图3.2所示的文森特·威廉·梵高的绘画作品。

图3.2　文森特·威廉·梵高的作品，资料来源：*Die Brücke von Arles*

3.1　用线条讲故事

第一次看这幅图时，我们可以看到梵高使用线条来绘制由石头和木梁构成的吊桥。当我们仔细观察这幅图时，会注意到线条以一种非常有趣的方式得到了应用。

注意梵高如何使用线条来表示右岸的草(见图3.3)。线条的方向暗示着草的生长，而夸张的线条赋予了草一种充满生机和过度生长的感觉。

随着年龄的增长，我花了很多时间来绘制风景和自然景物，我始终觉得水是绘画中最难以表现的对象之一。而梵高用线条来描绘水的技法十分高明(见图3.4)，同一方向的重复线条象征着水的宁静，他对堆叠线条的运用也暗示了场景中的反射和光源。

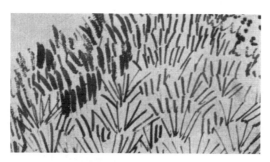

图3.3　草景线条

图3.4　水景线条

最后，梵高使用不同粗细程度的线条来体现光影效果。注意构成吊桥框架下侧的对角交叉撑杆(见图3.5)。其中，梁用粗线条表示，暗示这部分处于阴影之中。

图3.5　体现光影效果的线条

这个例子告诉我们，线条拥有无限的可能性。当我们绘制线条时，施加的方向、速度和力度都可以传递很多我们想要表达和分享的创意、想法。接下来，我们将探讨在UX设计中绘制不同类型线条的方法。

直线

就像前面提到的梵高绘画中的石头和木梁一样，基于屏幕的界面绘图也包含了大量结构与几何元素，如图3.6所示。在绘制这些元素时，线条的质量是决定一幅草图好坏的关键因素。

使用干净的线条可以让草图的观者专注于它所表达的想法，而不是线条是如何被画出来的。线条应该用笔的单一快速笔触来绘制。

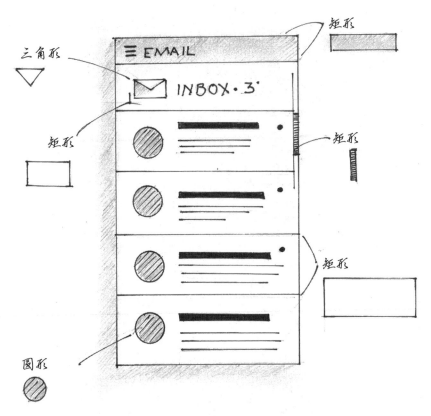

图3.6 结构与元素

因此，借助一些适当的辅助工具进行绘制会对我们很有帮助，比如图3.7所示的直边。如果你没有尺子或三角板，甚至可以借助智能手机的侧面进行绘制。在日常前往纽约市的通勤途中，我有时会在火车上使用这种方法。

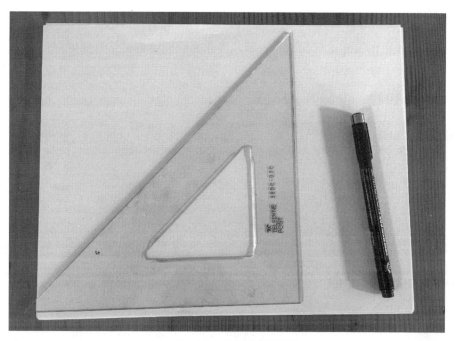

图3.7 借助三角板绘制直线

请记住，这些是UX绘图。我们并不是要在建筑学院拔得头筹，所以使用工具是可以的，因为较差的绘图会给观者增加认知负担。为证明这一点，让我们使用图3.8中的示例销售仪表板图进行A/B测试。

图3.8 销售仪表板图

我在左边画的图没借助直尺，而在右边画的图借助了直尺，显而易见，右边的图更容易阅读。使用工具绘制的图看起来会更加的精致和专业，这也会增强创作者的信心。

圆形

圆形是最难画的形状之一，有几种工具可以让你的绘制变得更轻松。对于代表重要结构和形状的曲线，可以使用量角器、指南针或圆形模板(如图3.9所示)。

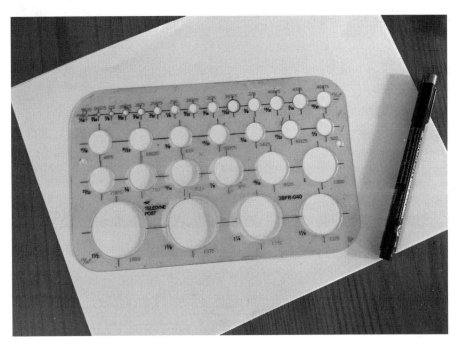

图3.9　圆形模板

让我们看一下图3.10所示的手表表盘，左侧的草图是在未使用圆形模板的情况下绘制的，而右侧的则借助了圆形模板。哪个能更清晰地表示圆形表盘呢？

我非常确信，如果你在设计一个圆形的表盘，大多数UI元素也会是圆形的。所有用于创建图3.11的基础线条都是借助圆形模板进行绘制的。因此，可视化才是草图的重点。

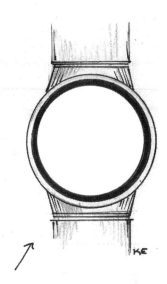

图3.10　借助圆形模板绘制的效果

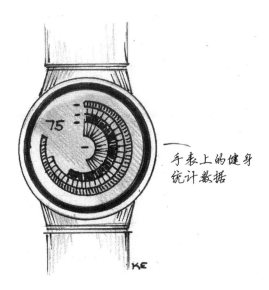

图3.11　手表表盘草图

态势线

　　就像梵高的作品一样，我们可以用线条来表示方向。在绘画时，要时刻铭记这一点：绘制线条时，应始终考虑线条的起始点在哪里，并从那个点开始，将线条结束在你想要延伸的方向上。线条的起点往往比终点更粗，这将给线条赋予一种姿态感，暗示方向和运动，这个小细节可以让你的画看起来更加精致。

为实现这一点，让我们看看图3.12中的示例。如果你正在画从地里长出来的草，可以用线条来代表草叶。因为草是从地面向上生长的，所以线条要从地面开始，向上画。我们可以为每条线添加优美的弧度和态势，使草叶呈现出生机勃勃的感觉。

图3.12　生机勃勃的草

如果要绘制图3.13所示的箭头，请从箭头的头部开始画线。箭头将被放置在线条的末端，箭头的尾部线条被拖长，赋予箭头良好的态势感。

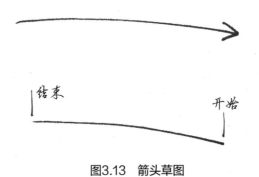

图3.13　箭头草图

还有一些其他的例子：比如你在绘制一个树形图时，线条应该从每个分支的起点开始向外延伸；再比如你用线来表示光线，辐射线应该从光源开始向外传播，逐渐远离光源。

线宽

正如梵高使用粗线条来突出重点一样，你也可以在UX绘画中采用同样的方法。较粗的线条更能引起观者的注意，如图3.14所示，你可以通过改变不同线条的粗细，来引起用户的注意。

让我们看一个实例，在图3.15中，可以看到在照片网格中采用了较粗的线条，以突出一张被选中的用于分享的照片。

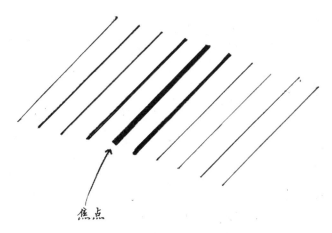

图3.14　粗线条突出焦点

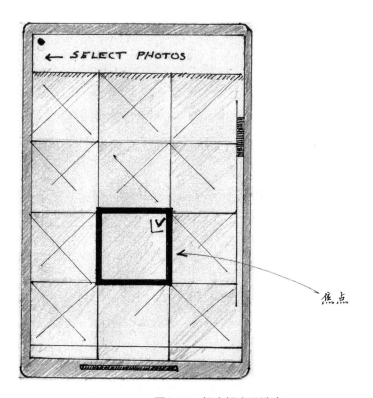

图3.15　粗方框表示选中

最后，就像前面梵高的例子一样，线条可以用来表示图形中的光影等概念，如图3.16所示。我们将在第6章进一步讲述阴影的技巧。

如你所见，线条在我们描述视觉库中的对象方面起着至关重要的作用。它们可以提高绘图的精度和质量。合适的线条可以让你的同事专注于绘图的内容。这些标记不仅具有许多神奇的特性，还存在诸多令人兴奋的可能性。在绘制下一个草图时，请先考虑每条线所代表的意义。

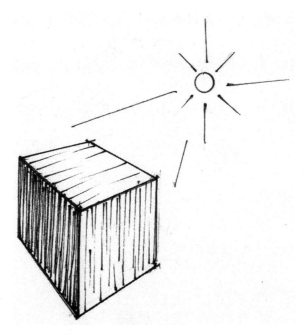

图3.16 用线条表示图形中的光影

3.2 　通过点阐释含义

图3.17 笔触形成的点

　　点是我们在绘画中最常用的基本标记，它们只是用来承载含义的微小部分。在克里斯蒂安·勒伯格(Christian Leborg)的 *Visual Grammer*(Princeton Architectural Press，2006)一书中，他将这一点描述为无法看见或触摸到的东西。它是没有面积的，且位置由其x、y和z的坐标定义。当我们进行绘制时，使用一个实心的小圆圈来代表一个点。一般来说，我们第一次将笔放在绘图表面上时，就会形成这个点(如图3.17所示)。

　　在我们的电子手绘中，简单的点可以承载很多含义。首先，我们回顾一下在第2章中已经讨论过的草图。为方便你回忆，请看一下图3.18和图3.19的图像，这些是我们通过排列点的方式来表示两个数值的例子。

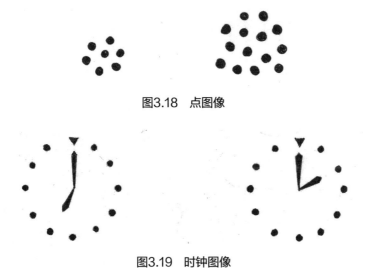

图3.18 点图像

图3.19 时钟图像

点可以作为界面图中的标记，在图3.20中，点用来表示电子邮件收件箱草图中的未读邮件。

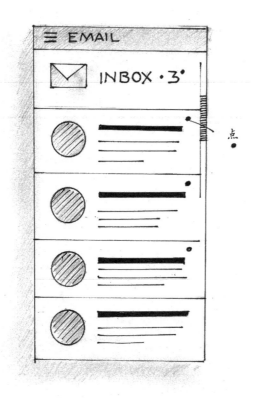

图3.20 用点表示未读邮件

在图3.21中，图像转盘中使用的导航元素，是通过绘制的一组点来表示的。

就像使用线条一样，我们可以使用更大的点来引起用户的注意。注意图3.21中较大的点是如何吸引用户的。在这种情况下，由焦点标签标记的较大点告诉我们正在查看第几张照片。

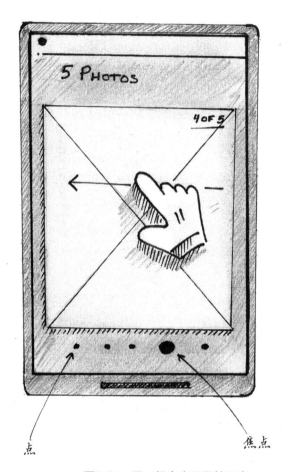

图3.21 用一组点表示导航元素

还记得我们在第2章中回顾的思维导图吗？图3.22是用点绘制的另一个版本。在这个示例中，每个点都充当一个节点，图中显示了各节点之间的关系和连接。

图3.23展示了如何使用点来表示光与影的概念，在第6章中，我将进一步探讨这个话题。

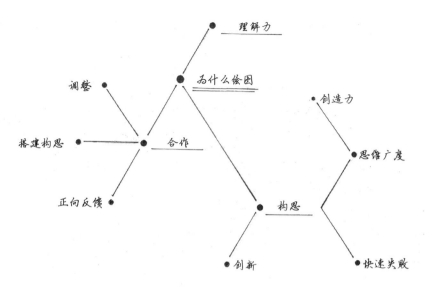

图3.22　思维导图

图3.23　用点表示光影

　　这些只是几个示例，说明如何在产品手绘中使用点。就像线条一样，点也是我们常用的另一个标记。如果能把握好在绘图中使用点的方式和时机，那么可以大幅提高我们沟通想法的效率。

3.3　工具和材料

工具和材料也会影响绘图质量，除了前面提到的圆形模板和直尺，一套好的钢笔和铅笔以及合适的纸张也同样重要。

对于笔，我更喜欢Sakura的Pigma Micron系列。这些笔通常成套出售，配置了可以绘制出不同线条粗细的笔。线条的粗细以毫米为单位，让你能够用粗线来突出重点，用细线来绘制不太重要的元素。中等粗细的笔可用于为草图创建更精细的注释和标签，一些细笔适用于绘制阴影和纹理。使用不同粗细的线条，可以使你的手绘作品看起来更加层次分明。

我还拥有一套Faber Castell石墨素描铅笔，当我要创作与同事分享的高品质绘图时，我会使用它们。这套铅笔的石墨硬度各不相同，较硬的铅笔很适合绘制标签、注释和结构线；较软的铅笔则适合着色、创建焦点和更具态势的有机线条。此外，石墨也易于涂抹，为我的创作提供了极大的便利。

最后，纸张也很重要。具有更多表面纹理的纸张，能够创建更粗糙、自由和模糊的线条。有时模糊的线条是传达感觉或想法本质的关键，正如你从第1章约瑟夫·比奥多教授那里学到的一样。我建议用钢笔、铅笔和各种纸张来探索不同的风格，然后找到适合你的工具和材料进行正确组合。这样做可能需要花费一些时间，但它会有意想不到的效果并且会戏剧性地影响你在纸上做标记的方式。

绘制线条和点的方式会影响人们对手绘的关注度、理解力和参与度。注意线条的粗细、点的大小、重量和方向等因素，可以让你像老练的设计师一样绘制出精美的图形，让你所绘制的形状富含创意，同时让你的整体草图能更好地传达你的绝妙想法。

现在，我们开始运用这些知识来画一些东西。我们先画一些形状、符号和元素，并在所有绘图中重复使用这些元素。这些是构成我们视觉库的元素。我们将从矩形开始，然后继续绘制其他形状，如圆形和三角形。同时，我们还将回顾一些更复杂的符号，如光标指针和人物。

第4章

从矩形开始构建

我之前说过，如果你能画出方框和箭头，你就具备了创作一幅UX图的条件——而且是一幅优秀的UX图。

记住，若要与你的团队一起画画，你不必成为广受好评的艺术家，也不必成为设计师，接下来让我们开始验证这种说法。

回顾上一章的内容，找到你的直尺，同时，拿起一支钢笔或铅笔和一些纸。我们将深入探讨你在未来的产品设计图中会用到的所有常见元素。让我们先画一些线，构成一个基本的方框(见图4.1)，你的线条不必完全水平或平行。

图4.1　画一个方框

接下来，我们画一个箭头，正如在第3章中讨论的那样，应考虑箭头的方向以及线的起点和终点(见图4.2)。

图4.2　画一个箭头

用方框和箭头填满你的纸，这样你就能熟悉这个过程了，我在图4.3中展示了我自己的练习纸。现在，我们看看如何使用这些形状来创建视觉语言的基本组成部分。

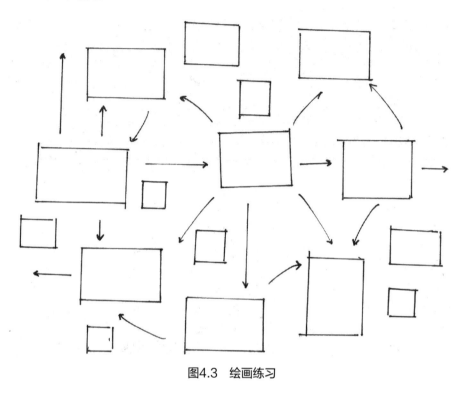

图4.3　绘画练习

4.1　创建图表

正如第1章中提到的"绘画可以帮助你和团队通过可视化的方式进行综合研究"，它还可以帮助你规划设计流程的其余部分，使你在需求和执行计划上保持一致。下面介绍如何使用方框创建一些关键的图表，这些图表将极大地提高团队的设计效率。

流程图

方框和箭头可以用来表示流程图中的步骤(见图4.4)。它们可以堆叠排列，也可以水平排列。你可以画些箭头来连接这些方框。

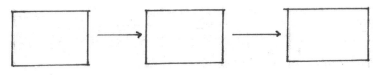

图4.4　绘制方框和箭头

为了使这个图易于阅读，可以添加描述每个步骤的标签，我在图4.5中添加了一些非常通用的标签，你还可以记录下这个过程中涉及的人员和技术信息。整个图表可能代表一个任务。

图4.5　创建标签

还记得第2章中描述制备烤红薯过程的流程图吗？图4.6是流程图的一个更风格化版本的例子。它是基于前面所列举的相同形状进行绘制的，还包含了一些额外的符号和阴影来增加视觉上的趣味性。值得注意的是，这些额外的细节在创建这个图表时并不是必需的。

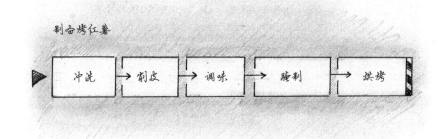

图4.6　烤红薯流程草图

现在，让我们尝试另一个版本，将其中一个方框旋转45度，形成一个菱形(见图4.7)。这通常表示流程图中的一个条件、依赖关系或决策点。你甚至可以添加一个问号以增加效果，大多数流程图包括条件和依赖关系。

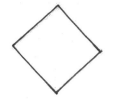

图4.7　绘制菱形

　　图4.8描述了将条件添加到工作流程图中的效果。通过组合不同的方框和箭头，可以创建出平行路径，以描述不同选项导致的结果。

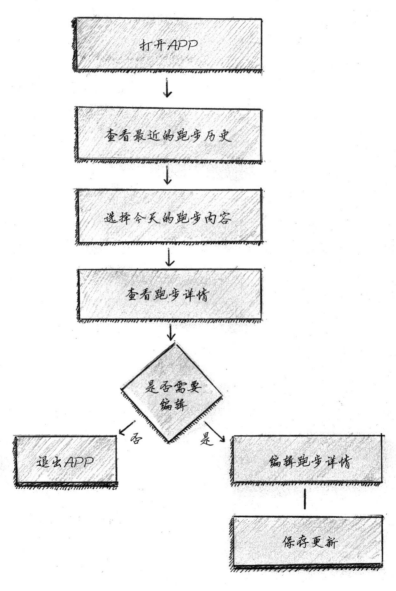

图4.8　健身应用流程草图

树形图

接下来，我们画一组方框，如图4.9所示。从一个中心方框开始，向外延伸。

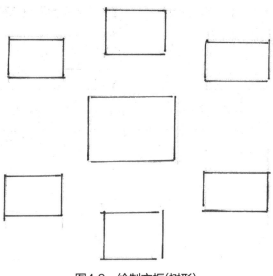

图4.9　绘制方框(树形)

我们可以使用箭头连接这些方框以创建树形图(如图4.10所示)，树形图有助于我们查看层次关系。例如，它们可以用来创建思维导图，从而查看组织结构图和术语。

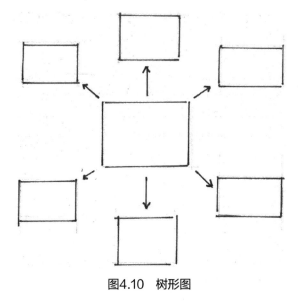

图4.10　树形图

我们在第2章中讨论的思维导图就是树形图的一个很好的例子，如图4.11所示。我用它来组织我对于"绘画的好处"这一问题的想法。在本例中，我添加了一些阴影以增强效果，但你可以看到，方框和连接线是使这个图表发挥作用的两个主要元素。

绘图的好处

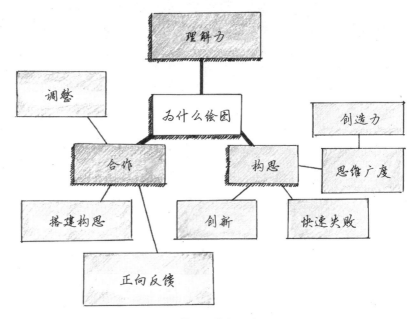

图4.11　思维导图(树形图)

让我们试试方框的另一种排列方式。这一次，我们把它们排列成金字塔状，如图4.12所示。

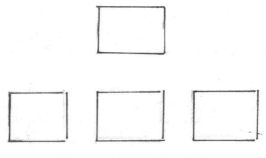

图4.12　绘制方框(金字塔状)

接下来，我们用虚线将它们连接起来，虚线描述了第一行和第二行方框之间的层次连接，如图4.13所示。

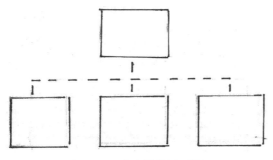

图4.13　金字塔状树形图

这是用于创建站点地图或产品地图结构的一个很好的例子，该地图详细说明了网站、产品或移动应用的信息架构(如图4.14所示)。使用这些基本形状，并按照这种结构排列，我们可以创建类似于第2章中介绍过的站点地图。

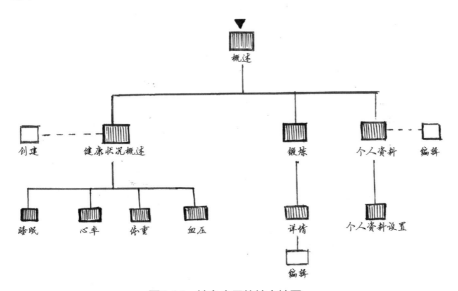

图4.14　健身应用的站点地图

网络可视化

最后，为了展示方框的多功能性，并强调显示连接的重要性，让我们重温一下之前树形图中所使用方框的径向排列，如图4.15所示。

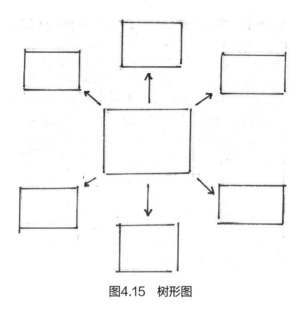

图4.15　树形图

现在，为了使网络可视化，我们要重新安排图表的箭头。同样的方框排列也可以用来表示网络，如图4.16所示。注意层次关系是如何被移除的，但我们仍然能够看到"网络"框之间的连接。这些类型的图表可用来展示组织内部人员、流程和技术之间的关系。

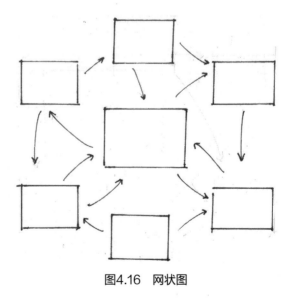

图4.16　网状图

4.2　内容元素

在撰写本书时，用户界面和数字内容通常出现在矩形屏幕上。因此，我们屏幕设计中的许多元素都是基于矩形的，我们可以用矩形框来表示各种项目。

标题和副标题文本

我们首先回顾一下表示内容的方法，如图4.17所示，一个细长的填充框可以表示屏幕绘画中的标题、大标题、副标题或新的内容块。在流程的早期，使用线条来表示文本可以使人们关注你的总体想法、架构和价值主张，而不必将注意力放在诸如字体选择等细节上。

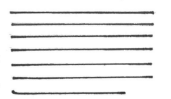

图4.17　用填充框表示标题

内容块

通过在填充框下添加一些较细的平行线，如图4.18所示，我们可以表示一个文本块，内容块包括一个标题和一段正文。

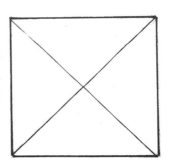

图4.18　用平行线表示文本块

图像占位符

让我们画一个图像占位符，如图4.19所示。我们将从画一个方框开始，接着在方框内放置一个X。在设计的早期，如果我们不确定图像具体的样子也没关系。这在我们绘制内容丰富的编辑型网站布局时非常有用。

图4.19　图像占位符

列表

让我们将前三个元素组合起来，表示一个带有缩略图和一些支持性文本的列表项，如图4.20所示。我们可以从图像框开始，然后画一条粗线，再画一条平行的细线，这可以表示带有文本的图像缩略图。像这样的UI元素常用于内容推荐面板、相关内容面板等。

图4.20　单个列表项草图

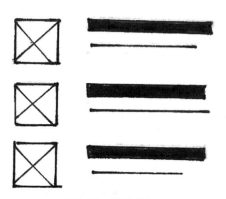

接着，我们可以堆叠这种锁定布局，以呈现一系列的内容、文章和导航页面，如图4.21所示。

图4.21　列表草图

内容布局

标题框、文本行、图像框和列表可以以无限的方式组合，来描述任意数量的页面布局，下面举例说明。我们首先结合这些元素来创建一个新闻网站的布局，我们将使用图4.18所示的文本块、图4.19所示的图像框和图4.20所示的列表项构建一个布局，如图4.22所示。

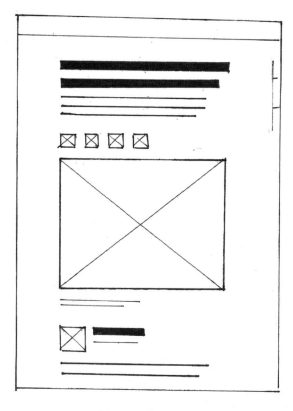

图4.22　布局示例

　　由于我们的元素本质上是图标，因此可以通过在草图中添加标签来补充更多细节，如图4.23所示，这对于刚接触这一过程且不熟悉屏幕元素视觉语言的团队成员特别有帮助。我们将在第8章中介绍更多关于标签和注释的内容。

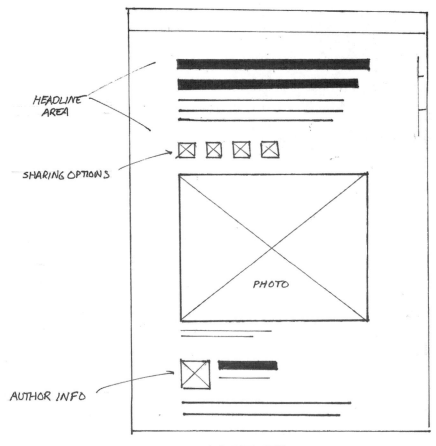

图4.23　为布局添加标签

　　图4.24显示了我们的草图和它所对应的实际网页的并列视图，注意图中的形状是如何模仿网页上关键元素的外观的。视觉层次结构是一致的，标题和图像等突出项目是这张图的重点。我还用我的一套Pigma Micron笔画了这张图片，使用较粗的笔触来绘制每个元素中较重要的线条，比如标题、照片的边框等，用细线描画出每个元素中不太重要的细节。这种对线条粗细和质量的考虑，确保了注意力被吸引到草图的正确区域，也使其外观更加精致。如果你眯着眼睛看图4.24中左边的照片，它的元素看起来会更像右边草图的元素。

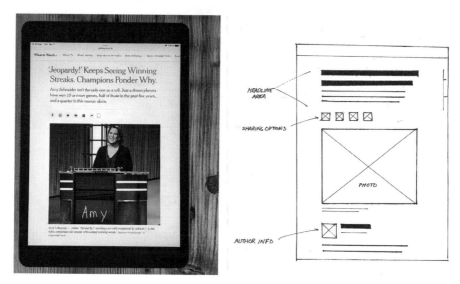

图4.24　布局效果示例

4.3　导航元素

下面我们画一些屏幕导航元素，这些元素大多是由方框组成的，我们将回顾一些常见的导航形式。

列表

首先，我们将介绍列表屏幕。列表屏幕在大多数移动应用中都很常见，它们的唯一作用就是导航，我们先画一个方框，其比例参照图4.25。

图4.25　先画一个方框

现在，我们按照图4.26所示堆叠一些这样的方框，即使你的线条不完全平行，角度不完美也没关系。这只会让你的手绘更有特点，并暗示了设计处于未完成的阶段，过分追求几何精度反而会大大减慢你的进度，因此不必过于纠结。

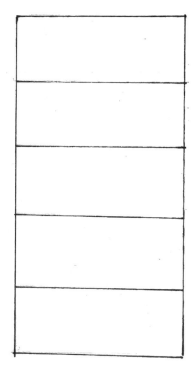

图4.26　画一组方框

在每个方框内，我们可以添加一些元素，这里再次用到了图4.20所示的图像和文本组合而成的列表项。这些布局中的列表项通常具有描述列表项中内容的缩略图、图标或符号，结果如图4.27所示。

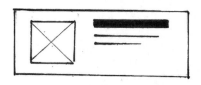

图4.27　在方框内绘制列表项

最后，我们把这些细节添加到图4.28所示的整个堆栈中，当这个图形完成时，你可能会注意到它开始看起来像一个列表界面。

这种布局可能看起来很熟悉，因为它被大多数流行的电子邮件应用程序、内容推荐引擎和音乐播放列表屏幕所采用。图4.29显示了我们的列表图和移动设备上的Spotify播放列表屏幕的并列视图，虽然Spotify屏幕有其他UI元素，但列表是最突出的功能。

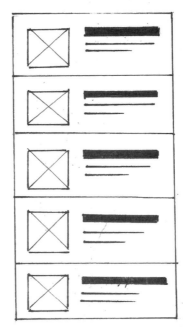

图4.28　列表布局草图

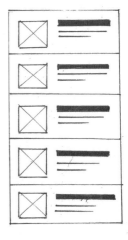

图4.29　列表布局效果示例

选项卡

选项卡是另一种常见的导航元素，尤其是在移动设备上。让我们试着画一些导航选项卡，先从一个狭长的矩形开始，如图4.30所示。这个框表示文本，与图4.17所示的元素相同。

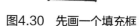

图4.30　先画一个填充框

现在，我们再画几个这样的填充框。它们应该呈现在同一水平线上，并位于同一层次，如图4.31所示。

图4.31　再画几个填充框

接下来，在第一个填充框的周围放置一个框，以显示第一个选项卡处于激活状态，如图4.32所示，这是表示导航选项卡的一种方式。

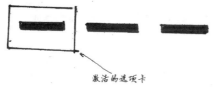

激活的选项卡

图4.32　用方框表示导航选项卡

导航标签在移动应用中经常使用，通常出现在屏幕底部。这是因为它们可以用拇指轻松触碰到，并且可以用握住设备的同一只手来操作。图4.33描述了大多数移动应用中选项卡的位置。

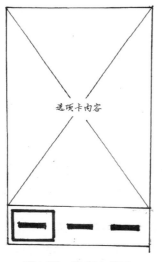

选项卡内容

图4.33　选项卡草图

图4.34突出显示了移动应用中选项卡的真实示例，虽然选项卡通常出现在屏幕底部，但实际上，它们可以出现在任何地方。图4.34中的示例由多个选项卡组成，选项卡也是桌面和平板电脑应用程序中常见的UI元素，它们也是许多网站中流行的导航元素。

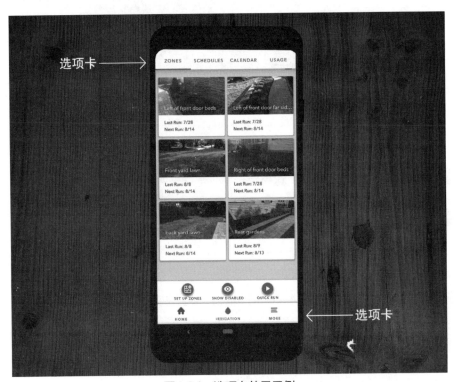

图4.34　选项卡效果示例

路径导航

这是最有用的导航模式之一，尤其是对于具有多级内容的网站。接下来，我们试着画一个路径导航，首先画一个图4.35所示的长条框。

图4.35　先画一个长条框

我们再画几个类似的方框，我们将填充最后一个方框，如图4.36所示。填充框表示路径导航中列出的最后一个页面，即活动页。

图4.36　再添加填充框

最后，我们在框之间添加箭头，这样可以表达它们之间的层次关系，即这些方框所代表的页面或级别之间的关系，如图4.37所示。

图4.37　绘制箭头

你也可以考虑用选项卡而不是填充框来指示活动页面，如图4.38所示。这将为你的草图提供额外的细节和上下文，特别是如果它属于一个流程或一系列草图时。标记是草图的重要组成部分，我们将在第8章的后面讨论更多关于标记和注释的内容。

图4.38　将填充框替换成选项卡

路径导航通常会突出显示我们在一组网页中的跳转路径。你曾经从网上商店购买过产品吗？电子商务网站一般会提供路径导航来帮助你浏览该公司的产品分类。通常你会选择一个产品类别，然后根据你感兴趣的几个关键特性选择一个特定的品牌和型号，图4.39显示了路径导航在网页布局中的位置。

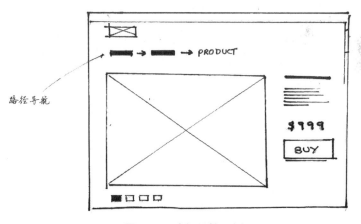

图4.39　路径导航示例

网格

大多数照片应用程序都可以让你浏览照片集。要绘制这样的界面，首先要创建一个图像框，如图4.40所示。

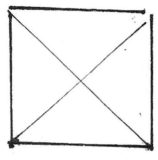

图4.40　创建一个图像框

接下来，我们将这些图像框组合起来，开始构建一个网格，图4.41展示了四个照片框组合成2x2网格的示例。

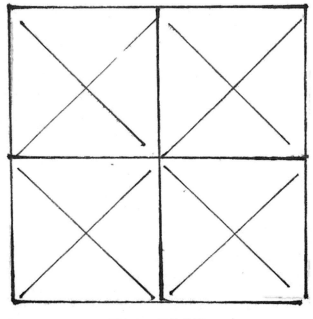

图4.41　网格草图

最后，确定照片网格的行数和列数，我选择了三列布局(如图4.42所示)。我们也可以通过在其中一张照片周围绘制较粗的边框来创建焦点，从而表明它已被选中。

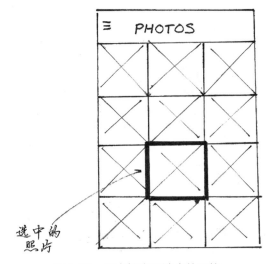

图4.42　用方框表示选中的网格

在本例中，我使用了两支不同的笔来绘制网格。由于网格结构的垂直和水平性质比对角线和强调线更重要，因此我使用了较粗的Pigma Micron笔来绘制垂直线和水平线。这样一来，组成这个网格的垂直线和水平线就被重点突出了。在图4.43中，我们看到了一个实际的照片应用程序的例子。我们的绘图很好地图示了该屏幕中的元素。

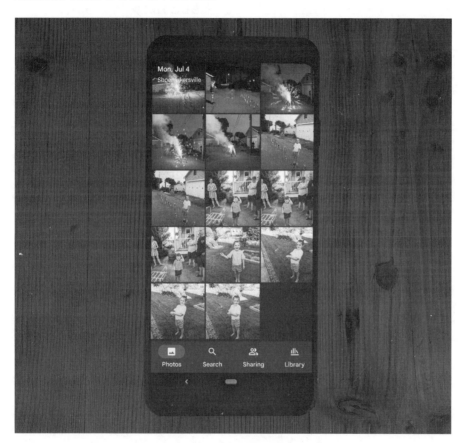

图4.43　网格效果示例

4.4　表单

Web表单输入和控件相当通用。它们是大多数基于屏幕的产品不可或缺的一部分，也是任何UX设计师工具箱中必不可少的组成部分，这些元素中的大多数可以用矩形来构建，让我们来看看。

文本框

让我们画一个文本输入框。为此，我们先绘制一个水平框，如图4.44所示。

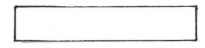

图4.44　先画一个水平框

接下来，我们在方框的左边缘内添加一条短垂直线，如图4.45所示。为了达到效果，你可以把这条线转换成一个工字形光标。

图4.45　再画一个工字形光标

最后，我们将在文本输入框上方画一个狭长的填充框来表示字段的标签，如图4.46所示。

图4.46　画一个填充框

有时，给出合适的文本输入框的标签是很重要的。为此，你可以手写一个图4.47所示的标签，而不是在文本字段上方放置一个填充框。一定要慢慢来，用清晰的笔迹来写，我们将在第8章中介绍更多添加标签的方法。

图4.47　文本输入框草图

文本域

如果我们可以绘制文本输入框，就可以绘制文本域。让我们画一个更大、更高的矩形框，如图4.48所示。

图4.48　画一个矩形框

就像前面的文本输入框一样，我们可以在文本区域上方添加一条线或者一个手写标签，其中手写标签在图4.49中被突出显示。

图4.49　文本区域草图

复选框列表

下面尝试画一个复选框和复选框列表。为此，我们将从一个正方形开始画起，接着在正方形的右边画一条水平线，如图4.50所示。

图4.50　绘制复选框

最后，我们将在框内勾画一个复选标记，如图4.51所示。

图4.51　用对勾表示复选标记

我们可以堆叠以上版本的复选框图标来创建一个复选框列表。为了使复选框列表更真实，一些复选框可以不必选中，如图4.52所示。

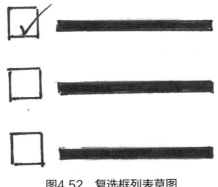

图4.52　复选框列表草图

按钮和操作

图4.53　绘制带标签的矩形框

图4.54　绘制按钮的内边框

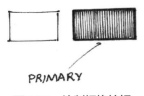

图4.55　绘制切换按钮

大多数表单都以按钮结尾，为了创建一个按钮，我们从画一个矩形框开始。在本例中，因为我们正在创建一个提交按钮，所以我们在框中写入单词submit。图4.53所示为我们手绘的带有标签的矩形框。

当前状态下的绘图很容易被误认为是内容卡、文本字段或其他UI元素。为了避免这个潜在的问题，我们将绘制一些装饰来表明这是一个交互式按钮，如图4.54所示。为此，我们在按钮的标签周围画一个内边框。

在某些情况下，多个按钮可能会成组出现。在某些表单中，比如弹出式提示信息、警告条和对话框中，我们可能会发现主要操作和次要操作。吸引用户把更多的注意力放在主要操作上是很重要的。为此，你可以采用多种方法，例如使用特别粗的线条，或使用阴影、填充和着色，如图4.55所示。

表单布局

　　下面我们结合一些前面刚介绍的绘图来创建一个基本的反馈表单，如图4.56所示。该表单由几个文本字段组成，一个用于获取客户的姓名，另一个用于获取客户的电子邮件地址。然后是一个大的文本区域，方便客户对产品做出详细评价。当然，我们必须添加一个同意接受服务条款的复选框。最后，我们在表单底部添加一个醒目的提交按钮。为了提供更多的细节，我们手写出每个表单的标签，而不是使用填充框。

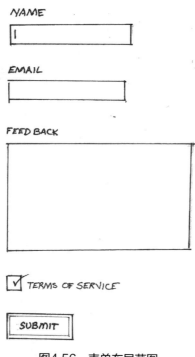

图4.56　表单布局草图

　　目前，我们仅仅是画出了冰山一角，还有很多其他表单元素需要考虑。这个初始集合涵盖了大多数只能用框绘制的表单元素。我们将在下一章进一步介绍其他表单元素，如下拉菜单和单选按钮组。

图表和图形

　　几乎每个应用程序都包含图表、图形和可视化工具。无论是仪表板中的可视化数据，还是加载屏幕上的简单进度条，都有几个可视化元素可以用矩形绘制。下面我们深入探讨一下。

进度条

　　进度条可显示某项任务或活动的进展情况。既可用于显示应用程序或网页的加载进度，也可用于表示用户对产品、服务或体验的评级。进度指示器可以显示一个限时功能的剩余时间，甚至可以显示你完成特定任务(如锻炼)的进度。可以用两个简单的矩形来表示进度指示器，让我们从画一个狭长的矩形开始，如图4.57所示。

图4.57　画一个矩形

　　接下来，我们可以画一条垂直线，将矩形分成两段：一段是矩形的三分之二，另一段是三分之一，如图4.58所示。

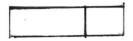

图4.58　画一条垂直线

　　最后，让我们填充条形图上的第一段，如图4.59所示。你可以考虑用铅笔均匀涂色，或者用钢笔进行斜线填充，这会让人觉得我们是基于某种度量来填充方框的。

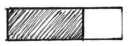

图4.59　进度条草图

条形图和直方图

　　条形图和直方图是出现在大多数仪表板布局中的可视化工具，条形图一般用于比较基于特定指标的分类信息，而直方图则更加适用于展示随时间变化的信息。要绘制条形图，让我们从绘制图4.60所示的基本矩形开始，它应该又高又窄，这将是我们图表上的第一个竖条。

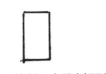

图4.60　绘制一个垂直矩形

　　接下来，我们画一组平行于第一个竖条的垂直矩形，如图4.61所示。这些矩形的高度可以变化，但它们应该有一个共同的基线。为了营造视觉效果，我通常会按顺序逐个增加它们的高度——我会在第9章中解释原因，现在这张草图看起来更像一个图表。

　　接着，我们可以在图表的左边或右边画一条代表y轴的垂直线，如图4.62所示，这里的目的是表示我们正在通过高度来测量某样东西。

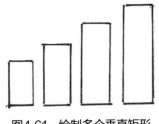

图4.61　绘制多个垂直矩形

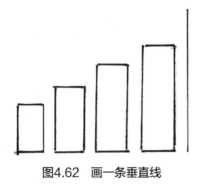

图4.62　画一条垂直线

最后，我们可以在每个矩形下面添加代表文本标签的小填充框，如图4.63所示。如果你想提供额外的背景和细节，可以直接手写出这些标签。

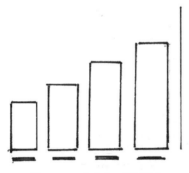

图4.63　垂直条形图草图

要绘制水平条形图，我们将做同样的事，只是方向不同。接下来让我们画水平方向的条形图，我们将从一个长条开始，如图4.64所示。

接下来，我们将添加更多的水平条、一条x轴线和标签，如图4.65所示。我们将遵循与绘制垂直条形图相同的基本步骤，只是方向不同。水平条形图在非时间维度的情况下非常有用。

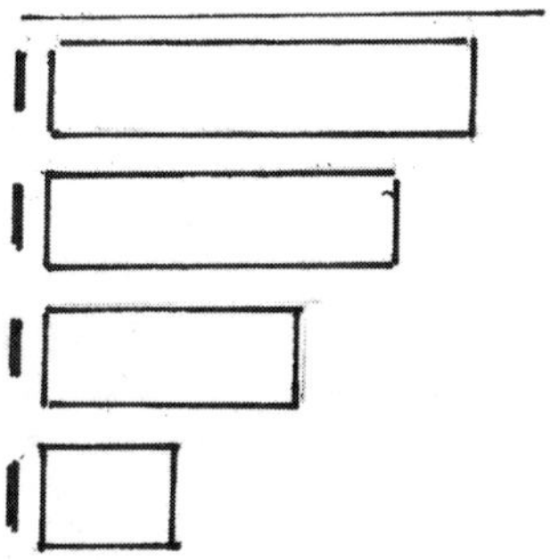

回顾我们已经在图4.63中绘制的垂直条形图，我们可以将条形图分成几段，创建一个堆积条形图，如图4.66所

图4.64　绘制一个长条

图4.65　水平条形图草图

示。堆积条形图突出了多个类别之间的差异。

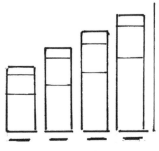

图4.66　堆积条形图草图

为了增强效果，我们可以为每个片段添加一些阴影，如图4.67所示。对于每个条的底部片段，我们添加一些阴影来营造效果。我们可以在中间部分使用较浅的阴影来表示稍微浅一点的色调，如图4.67所示。

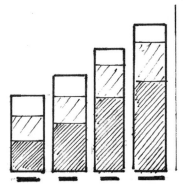

图4.67　添加阴影后的堆积条形图

如图4.68所示，通过修改每个条沿x轴的位置，我们可以很容易地创建一个分组条形图。分组条形图可用于显示一段时间内的数据比较情况，例如，在图中，我们可以看到一组产品在过去一个月中产生的收入，如较暗的条形图所示。我们可以将其与上一年同一系列产品产生的收入进行比较，如白色条形图所示。在这种情况下，每个分组代表一个产品。

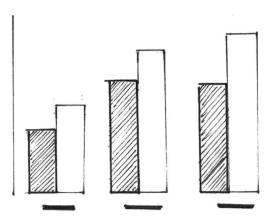

图4.68　分组条形图草图

折线图和面积图

折线图是任何仪表板的重要组成部分，它使我们能够看到随着时间推移而发生变化的数据，还使我们能够发现连续趋势和不同的模式，这是日常仪表板中最常用的图表之一。要绘制折线图，我们将从图4.69所示的基本方框开始。

我们将在该方框内添加一条"之"字线来表示图表类型，为了达到效果，我更喜欢在图表的左下角开始我的"之"字线，并在右上角结束它，如图4.70所示。我通常都会这样做，除非我确定数据应朝着不同的方向发展。我将在第9章解释这样做的原因。

你可以在"之"字线的拐角处添加点以增强效果，这些点能提示你与该线交互的关键点，以获取有关所表示值的更多信息，如图4.71所示。

若为折线图添加阴影，即可将其转换为面积图，图4.72展示了用这种方法创建的面积图(图左)和叠加面积图(图右)。

图4.69　画一个方框

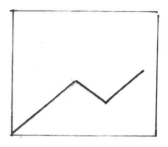

图4.70　画一条折线

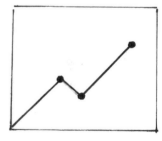

图4.71　在折线拐角处添加点

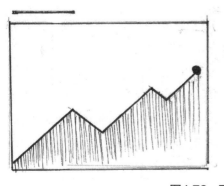
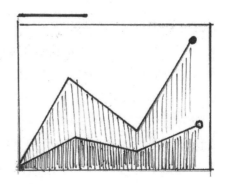

图4.72　面积图草图

仪表板

接下来，我们排列这些图表，以创建一个简单的仪表板。你的草图可能看起来像图4.73中的示例一样。注意，我还添加了一些导航元素，如选项卡和文字标签，以提供关于该仪表板内容的更多细节。

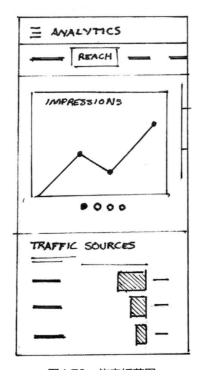

图4.73　仪表板草图

这实际上是一个基于YouTube分析数据的仪表板草图，如图4.74所示。你可以看到草图中的图表很好地表示了实际仪表板中的数据信息。实际上，所有这些元素在本质上都是符号、图标而已。

还有很多图表类型我没有涉及，也有其他一些图表是由方框构建而成的，包括箱线图、瀑布图和树形图，它们的绘制方法与此非常相似。在任何情况下，重要的是从每个图表中的方框形状开始绘制，然后在绘制过程中逐层添加支持元素。对于图表来说，这仅仅是个开始，还有很多其他图表是由其他形状构建的，我们将在本书的其余部分介绍。

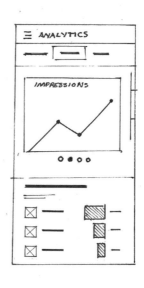

图4.74　仪表板效果示例

界面元素

　　为了提供一个近乎详尽的元素列表，让我们来看看几个界面元素。滚动条、对话框和卡片都是常用于屏幕布局的元素，接下来我们将深入了解它们。

滚动条

　　在大多数草图中，滚动条是一个非常重要的元素。它们可用于表示内容丰富的模块、屏幕以及内容超出了元素可视区域的覆盖层。在解释UI设计如何扩展以容纳更多内容时，这是一个很好的工具。滚动条是一个长方形，有一条超长的垂直线，如图4.75所示。为了达到设计效果，我在滚动条的手柄上添加了一些阴影。

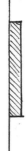

图4.75　滚动条草图

对话框和模态框

对话框是许多基于屏幕的产品中使用的流行UI元素，它们被用来提供上下文信息，并作为采取行动的提示。它们通常是在屏幕上弹出的较小的框，要绘制这些UI元素，你可以从绘制一个框开始，然后在它周围再画另一个框，如图4.76所示。

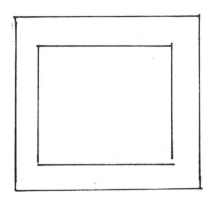

图4.76　绘制两个嵌套的方框

为了增加效果，我们可以在两个框之间添加阴影，如图4.77所示。这将强调对话框本身，让我们在对话框中添加一个主按钮和一个次按钮。

图4.77　对话框草图

卡片和堆叠

你喜欢冒险吗？你想试试更高级的东西吗？在本书的序言中，我分享了一个原子力显微镜UI的概念图(如图4.78所示)。该设计基于一堆代表底层工作流程的堆叠"卡片"，让我们来看看如何画出这堆"卡片"。

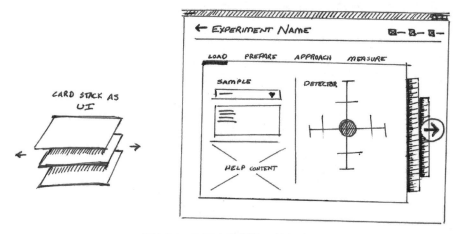

图4.78　原子力显微镜UI的概念图

首先，我们按照图4.79所示的比例画一个方框。

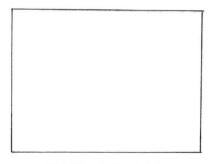

图4.79　先画一个方框

接下来，我们将沿着方框的左边缘和底部画一条L形线，通过位置偏移来产生透视的视觉效果，如图4.80所示。

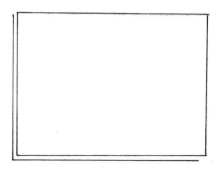

图4.80　再画一条L形线

我们将继续重复这一步，直到我们有一叠卡片，如图4.81所示。线条数量不必等同于你在最终设计中使用的实际卡片数量。

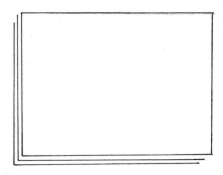

图4.81　卡片堆叠草图

我们需要将L形线的位置进行偏移，如图4.82所示。

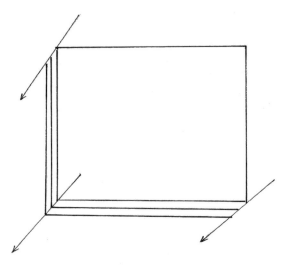

图4.82　调整偏移位置

你可以修改其他线条的位置，以产生不同的视角和透视效果，如图4.83所示。现有的透视视角呈现了一种"蠕虫视角"的卡片效果。为了获得"鸟瞰视角"，我们可以将线条移到顶部和左侧，如图4.83所示。

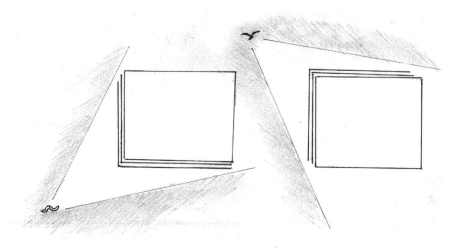

图4.83　不同的视角产生不同的效果

　　至此，你已经了解了从方框开始构建的元素，虽然只列举了部分常见的示例，但这是一个良好的开端，你可能会在与团队共同创建的数字产品绘图中经常使用它们。在下一章中，我们将介绍用其他基本形状构建的一些常见元素。

第 5 章

用圆形、三角形和更多元素进行构建

虽然通过组合线条、方框和箭头已经可以绘制出很多元素，但还可以用其他形状进行绘制，例如圆形和三角形。一旦你掌握了更多元素，我们就将探索一些更为复杂的形式，例如人物和光标手的简单表示。让我们开始吧！

5.1 圆形元素

我们先从一个基本的圆和一些我们可以用圆构建的元素入手。请准备一个圆形模板或圆规。让我们试着画一些类似于图5.1所示的圆，请随意画不同尺寸的圆并填满整个页面。

形式：选项组合

我们将从圆最常见也最基本的用途开始介绍，那就是它在表单中的应用。圆是区分复选和单选选项的标志。单选选项组只允许人们在组合内选择任一项。

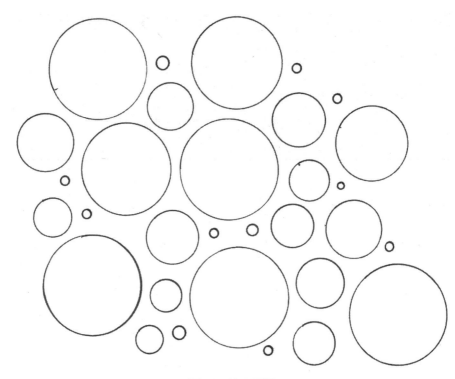

图5.1　练习画圆

图5.2　画一个圆

还记得我们是怎么画复选框列表的吗？现在我们不使用正方形和格子，而是用圆和点来代替。让我们从图5.2所示的一个基本圆开始。我们可以画一个直径大约为四分之一英寸的小圆。

接下来，就像对复选框的操作一样，让我们在单选按钮的右侧添加一个粗文本行，如图5.3所示。

图5.3　画长条，构成一个选项

单选按钮只有成组出现时才有意义，所以我们再画几组这样的按钮，如图5.4所示。

要完成选项组合，我们就要添加一个标签和一个预选选项，填入图5.5所示的圆点之一。选项组合允许你选择组合中的任一项，例如，当你在网上购物选择快递的运输方式时，你只能选择其中一种。

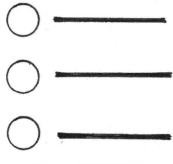

图5.4　绘制选项组合

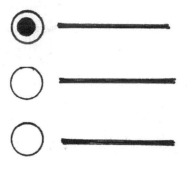

图5.5　完成单选按钮草图

圆作为一种象征

圆是人类文化中的一个重要元素，几乎所有曾经存在过的文明都将其用作一种隐喻(Lima, 2017)。它在自然和城市布局中都很重要，可用来表示社区。考虑到它作为一种象征的重要性，可以肯定的是，在如今这个科技发达的社会里，它仍然是一个关键的视觉符号。现在，我们开始探索圆所蕴含的强大象征意义。

状态图标

你可以在一个圆内放置任意数量的符号来创建一个图标。让我们从圆本身开始绘制，如图5.6所示。

图5.6　画圆

你可以在圆形中间添加任何类型的符号来创建图标，如图5.7所示。感叹号可以表示警告或警报；X可以表示失败或错误；对号可以代表一种积极的或已完成的状态；将感叹号倒过来，变成一个小写字母i，我们就得到了一个信息图标，总之，绘图带给人无限的可能。由于大多数图形是由许多方框和有角的形状组成，圆的弧度能引起人们的注意，因此，它能很好地与状态图标结合使用。

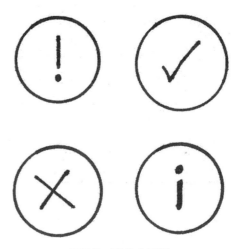

图5.7　画状态图标

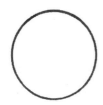

图5.8　画圆

时间图标

让我们用一个圆来表示时间。为此，我们将画出一个经典的双指针模拟时钟图，这个符号已经有几百年的历史了。我们先画一个图5.8所示的圆。

要画一个时钟，我们可以从圆的原点或中心点开始。画两个指针，其中一个比另一个长，如图5.9所示。你可以把它们画在你喜欢的任何方向，以表示你想要的时间。

图5.9　画时间图标

表情符号

我们设计的产品最终是要给别人使用的。在某些情况下，能够表达用户情绪是很重要的，无论是绘制他们使用现有产品的方式，还是绘制研究报告中的情绪曲线，都应如此。用圆形创建表情符号是一个很好的起点，如图5.10

图5.10　画圆

所示。让我们从一个基本的圆开始。在这个练习中，把圆
形缩小是很有用的。

　　通过添加两点和几条曲线，我们能用绘图表达一系
列的情绪。这让我们能够将人的元素带入绘画中。请看
图5.11中的表情符号集合。它们涵盖了各种情绪。为了
好玩，我还额外添加了一些。你也可以试着画一些这样的
表情。

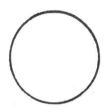

图5.12　画圆

图5.11　画表情符号

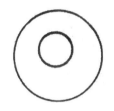

图5.13　在圆内画小圆

头像图标

　　让我们再画一个常用的图标。这可以用来表示头像和
个人资料图像。你甚至可以用它来表示流程图或组织结构
图中的人员。同样，我们还是从图5.12所示的一个简单的
圆开始。

　　接下来，我们在第一个圆内添加另一个圆。它应该水
平居中，但可以出现在图5.13所示的稍有偏移的位置。

　　我们可以画两条线，形成连接内圆和外圆的肩部线
条，如图5.14所示。

　　最后，我们用填充线将所有这些元素组合在一起，如
图5.15所示。

　　我们可以使用多个图5.15所示的图形来表示图5.16所
示的社群。我们可以用这种比喻方式来表示组织中的用户
群、在线社群和团队。

图5.14　画肩线

图5.15　画头像图

图5.16　画社群图

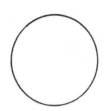

图5.17　画圆

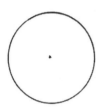

图5.18　画圆心

图5.19　画两条半径

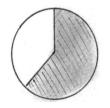

图5.20　绘制饼图

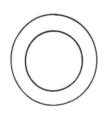

图5.21　画圆环

图表

你还可以使用各种类型的图表来传达信息。下面几小节介绍了一些常见的图。

饼图

下面我们试着画一个饼图。饼图非常适合展示部分与整体的关系，让我们能够想象事物的各个部分是如何构成整体的。饼图发明于19世纪初，在大多数现代表格中仍是主流图表。让我们用圆画一个饼图，我们先另外画一个圆，如图5.17所示。

在圆的内部，在圆的原点处标记一个点，如图5.18所示。最好使用铅笔，因为铅笔标记是可以擦掉的。

接下来，我们将画出从圆的原点到边界的直线，如图5.19所示。沿着顺时针方向，我从最大的一块开始，然后从那里接着画。最后我们得到一个标志性的、更易读的饼图。当然，现实生活中的情况可能与此不同。我们将在第9章中讨论如何调整绘图以适应现实场景、约束条件和数据。

最后，为了得到更好的效果，我们可以使用阴影来填充饼图的特定部分，如图5.20所示。这是可选的，我们将在第6章中讨论阴影填充技法。如果你感兴趣的话，可能会看出我是用铅笔和钢笔创建了这个填充纹理。

圆环图

我最喜欢的饼图变体之一是圆环图，你可以利用内圈的空白来突出显示关键指标。让我们再次画一个图5.17所示的圆，然后，我们画一个内圆。你可以使用圆形模板上的参考线来正确对齐内圆。我们的目标是在纸上画两个同心圆，如图5.21所示。

接下来，我们可以通过绘制分界线将圆环分成两段。

我们可以填充其中的一段，如图5.22所示。

　　最后，我们利用圆环中间的空白来呈现我们想通过圆环表达的东西。在这次绘制中，我们想要突出显示图5.23所示的图表中的指标。

散点图

　　现在我们创建一个基本的散点图。散点图有助于我们对两个变量之间的关系进行可视化呈现。

　　我们还是先画一个小圆，直径约为图5.24所示的四分之一英寸。

　　我们可以再画一堆圆。如图5.25所示，我的圆是从左往右、从下往上分布的。

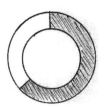

图5.22　画阴影

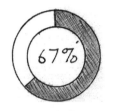

图5.23　完成圆环图

图5.24　画小圆

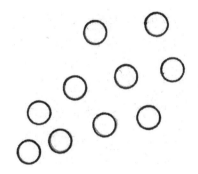

图5.25　画一堆小圆

　　接下来，我们用直边画一个x轴和y轴，如图5.26所示。

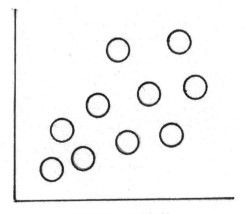

图5.26　画坐标轴

　　最后，我们可以按照图5.27所示的效果对圆点进行填充。这样，一个散点图便画好了。

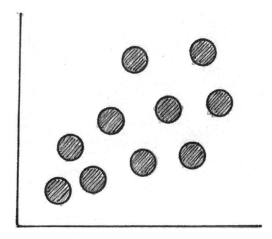

图5.27　画阴影，完成散点图

气泡图

　　现在我们在散点图的基础上更进一步。通过气泡图，我们可以比较三个变量。每个气泡的大小可以基于第三个指标的值。这样的图表看起来像气泡，因此被称为气泡图。

　　汉斯·罗斯林(Hans Rosling)绘制的一个著名的气泡图显示了一个国家的人均收入和预期寿命之间的相关性。这两个变量分别在x轴和y轴上进行度量。在这个图表中，汉斯引入了第三个变量，即每个国家的人口，他用气泡的大小来表示每个国家的人口数量。如果你对此感兴趣，可以在gapminder.org网站上查看这个可视化图表。

　　如果你最终画出了气泡图，请准备好描述气泡的大小代表什么含义。为了绘制气泡图，我们将遵循与绘制散点图相同的步骤。但是，我们会使用不同大小的圆，如图5.28所示。

　　以上只是我们可以通过圆构建的少量元素，这些元素只是你要添加到工具包中的另一组构建块而已。

　　有一点很重要，你要记住，并非所有的屏幕都是矩形的。看看图5.29所示的Nest Learning恒温器。注意，其外形和用户界面都是基于圆形元素的。

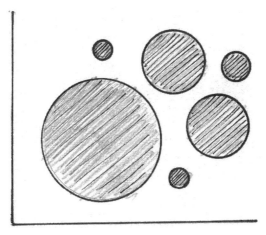

图5.28 气泡图

图5.29 恒温器界面

　　恒温器的界面以圆形为基础。绘制这个图的过程与我们在图5.21、图5.22和图5.23中绘制圆环图的过程几乎相同。为什么不试试呢？拿起笔和纸，试着在恒温器的显示屏上画出这些元素吧。正如第2章中提到的，一些可穿戴设备(如手表)的屏幕是圆形的。重要的是要知道：很多手表屏幕元素都可以由圆形构建，比如图5.30概念草图中描绘的图形。还有很多其他的圆形屏幕，随着时代的发展，圆形屏幕在我们的生活中会越来越常见。

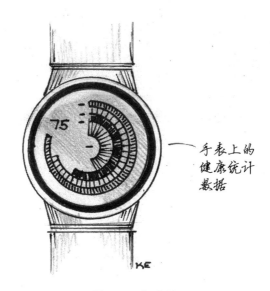

图5.30　概念草图

5.2　三角形元素

　　三角形是我最喜欢的形状之一，它是力量和坚韧的象征。它被用于许多结构，因为它被奉为自然界中最坚固的形状。

　　让我们从图5.31开始，看看如何在数字产品绘图中使用三角形。

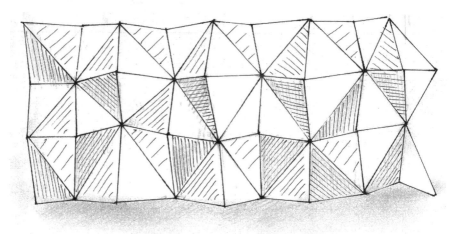

图5.31　三角形元素的应用

导航控件

下面几节，我们将介绍包含导航控件的选项。

展开/折叠控件

若要绘制展开/折叠控件，可以绘制一个向上的小三角形，再画一个向下的。现在我们得到了一个展开/折叠控件，如图5.32所示。

图5.32　绘制向上和向下的小三角形

与之前的绘图处理方式一样，我们可以考虑对箭头进行填充，因为它可能是我们在屏幕上交互的指示器(如图5.33所示)。

图5.33　交互指示器

前/后箭头

要创建一个导航箭头，我们可以将三角形转向侧面，指向右侧或左侧，如图5.34所示。

图5.34　导航箭头

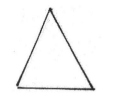

图5.35　画一个三角形

图5.36　画一个感叹号

图5.37　用双竖线增强警告图标

图标：警报、警告和异常

在此，我们将了解你可以创建的各种图标。为了创建警报图标，我们可以画一个稍微大一点的三角形，如图5.35所示。

接下来，我们在它中间放置一个感叹号，如图5.36所示。

为了更有趣，我们可以在三角形外添加一些小的强调线来象征警报的紧迫性，如图5.37所示。

形式：下拉菜单

最后，让我们画一个下拉菜单。可以画一个倒三角和一个代表信息栏的基线，三角形应该出现在基线的右端，如图5.38所示。

图5.38　下拉菜单草图1

另一种表示下拉菜单的方法是将箭头放置在图5.39所示的框内。

图5.39　下拉菜单草图2

可以肯定地说，我们正在构建一个强大的通用元素库。到目前为止，我们已经讨论了由圆形和三角形构建的各种屏幕元素。接下来，请随意查看你最喜欢的应用程序和设备，看看它们的屏幕，你是否能把它们的元素提炼成一些基本的形状并把它们画出来？你可以使用本章已介绍过的符号和图形。

5.3　高级图标和符号

现在可以开始绘制一些复杂的形状和形式了，这些形状和形式经常用在数字产品绘图中。本节主要介绍图5.40所示的图标。其中一些形式将帮助你描述人们与你的产品进行交互的方式，其他形式则关注人本身，这是我们所有产品设计工作的核心。其他将用于增强之前涉及的图表、图形、地图和可视化。让我们开始吧!

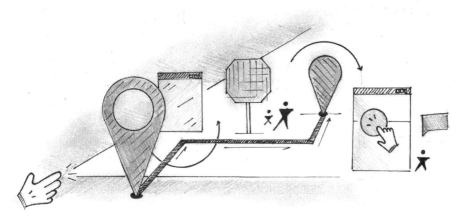

图5.40　高级图标举例

八边形和停止标志

让我们用铅笔画一个正方形，如图5.41所示。务必画得轻一些，因为最终这些线条会被擦除。

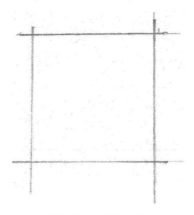

图5.41　画正方形

现在，通过画对角线来切断正方形的每个角，如图5.42所示。

接下来，用钢笔描出上一步得到的形状，然后擦除铅笔线，如图5.43所示，你会得到一个八边形。形状不完美也没关系，只要它看起来像一个八边形即可。

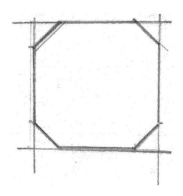

图5.42　勾勒出八边形

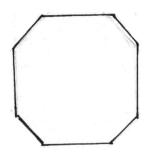

图5.43　完成八边形绘制

现在你有了一个八边形，你可以向这个形状添加任意数量的图标和点缀元素。例如，它可以用来表示流程图的结束，也可以用来表示警报，如图5.44所示，我把八角形变成了一个停止标志。

图5.44　停止标志草图

地点标识

如果你不擅长画地图也没关系，可以使用占位符图标表示位置这个概念。为此，我们可以简单地画一个倒置的泪状图形。我们从圆形模板开始，首先，我们画出圆的顶部三分之二的部分，如图5.45所示。

图5.45　画一个半圆

接下来，我们对圆的开口部分进行连接，添加两条斜向下的直线，连接形成一个V形，如图5.46所示。

最后，我们可以添加其他"点缀"，如图5.47所示，添加一个内圆。这并非强制要求，但它可以强化符号的含义。

图5.46　用V形线连接半圆

图5.47　完成地点标识绘制

人物图标

人物是最难画的。然而，在我们创造一款新产品时，人物是最重要的——特别是你在用户体验团队工作的话。可以说，人物是视觉语言中最重要的元素之一。我们可以用多种方法来对人物进行表现，而不必画出一个完全符合解剖学特征的人体。我们一起看看吧。

图5.48　画曲线(驼峰)

下面这种方式可以抽象而优雅地表现人物。我们先画一个驼峰或颠倒的字母U，如图5.48所示。

接下来，我们用一条稍微弯曲的水平线连接驼峰的底部，如图5.49所示。

图5.49　闭合曲线

之后，我们在现有的图上添加一个圆，如图5.50所示。

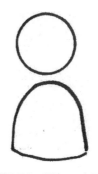

图5.50　添加一个圆

最后，我们可以添加一些阴影来引起人们对图标的注意。我选择了一个简单的阴影图案，如图5.51所示。我将在第6章介绍更多关于阴影绘制的内容。

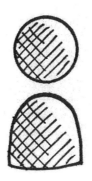

图5.51　人物图标1

最终的画作可能看起来更像一个棋盘游戏的棋子，而不是一个人，但它已经足以让人明白这代表一个人。事实上，在许多我们喜欢的移动应用程序中，人物图标都是这样的。图5.52中的示例向我们展示了如何在工作流图中表示用户。

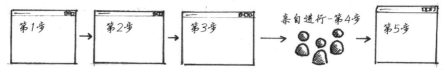

图5.52　使用人物图标1

在这个场景中，工作流图的第四步使用的人物图标表示用户需要亲自完成该步骤，而不像其他步骤那样在应用程序屏幕中完成。

还有一种画人物的方法是画一个局部的星形。要确保星星的顶点不越过连接顶部两个最高点的水平连接线。在绘制半星形时，可参考图5.53。

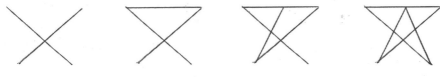

图5.53　绘制半星形

接下来，我们在缺失点的位置添加一个圆，如图5.54所示。

图5.54　添加一个小圆

为了达到人物效果，我们可以对图形进行填充(如图5.55所示)。这幅画看起来像一个风格化的简笔画。

图5.55　人物图标2

最后，图5.56展示了这个版本的图标在流程图中的样子。在这个例子中，我们使用图标来显示人们完成了需要线下操作的第四步。

图5.56　使用人物图标2

5.4　表现互动

在几乎所有的情况下，都必须提供一种表示触摸屏交互和输入的方法，绘制屏幕流程图时尤其如此，这些屏幕流程图用于表示用户在使用你的产品时，完成任务或实现目标应采取的步骤。我们先从最难的绘图开始，随后再回到一些更简单的替代方案。

指针和光标

手可以说是最难画的东西，我从五岁开始就一直在画画，但画手仍然有难度。直到今天，我都不知道我是如何熬过设计学校的绘画课的。手可以用来表示移动设备上的手势和触摸操作，还可以用来表示鼠标光标的单击状态。让我们来看看如何表示一只基本的手，手仅仅是一系列相互连接的驼峰。假设我们画的是右手，拇指应该指向西北方向，如图5.57所示。

现在，我们来画食指。食指应该是最长的手指，应该指向北方，如图5.58所示。

接下来，加上三个小凸起，代表剩下的手指。它们应该指向与食指相同的方向，并且它们应该如图5.59所示的那样短得多。

最后，添加一条向下延伸到手腕的线，代表手掌。如果你愿意，还可以向下延伸拇指下方的线，如图5.60所示。

图5.57　绘制拇指

图5.58　绘制食指

图5.59　绘制其余手指

图5.60　绘制手掌

现在我们来画点有意思的东西。注意图5.61中额外添加的细节,让我们添加两条强调线,让手看起来像是米老鼠的手。这是我为了有趣而经常做的事,令人惊讶的是,很多人已注意到这一点并对此发表评论。

图5.61   光标手图标

点击互动

基于之前的绘图,我们可以添加其他点缀元素来进一步表现交互。我们可以添加三条辐射状的强调线来表示单击或选择状态,如图5.62所示。为了达到更好的效果,我还为这只手添加了一个投影,让它看起来像是漂浮在所有屏幕元素之上。

图5.62   表示"点击"的手势图标

手势交互

回顾图5.61所示的手绘图。除了添加一些装饰元素，比如投影，我们还可以添加一个箭头来表示滑动手势，如图5.63所示。由此可见，绘图是具有无限可能性的。

图5.63　表示"滑动"的手势图标

描述交互是任何数字产品绘图的重要组成部分，它可以帮助你的同事了解用户将如何与你的产品互动。让我们来回顾一下我在本书前面介绍的远程医疗应用程序(见图5.64)。注意图中是如何通过手势图标对屏幕滚动时的视频播放器行为进行表现的。

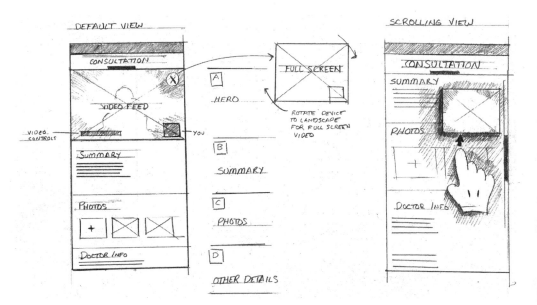

图5.64　交互图标在远程医疗应用程序设计中的应用

绘制手势的替代方案

　　那么，还有其他的手势创意画法吗？你可能还需要经过一些练习才能推陈出新。没关系，这里提供了一种画手势和鼠标交互的备选方法。如图5.65所示，我们可以用填充点来代替手。相同的辐射状强调线和箭头表现了与之前的手势图标相同的点击和滑动交互。

图5.65　其他交互图标创意

第6章

阐明光、运动和其他概念

有时，传达一个想法的本质，需要的不仅仅是前两章中提到的基本图标和符号，还需要通过用绘画表达光线、深度、形式、材料、运动和纹理等概念来进一步阐释你的创意(见图6.1)。除了具备知名艺术家那样的技能或素养，还有一些简单有效的方法可帮助你在产品绘画中传达这些概念，让我们一探究竟吧!

6.1 明暗处理技巧

在我们深入了解实际概念之前，先介绍一下阴影。你可以使用不同的阴影来传达本章中提到的诸多概念，例如图6.2所示的图形。在这幅作品中，我们可以看到列奥纳多·达·芬奇(Leonardo da Vinci)如何使用阴影来创造光感，以帮助观众理解这种多面体形状的复杂性。

这幅画的光源来自画的左上角，他使用较暗的阴影来表示远离光源的表面。达·芬奇对阴影的使用也让我们对多面体的材质、形状和纹理有了更多的感知。

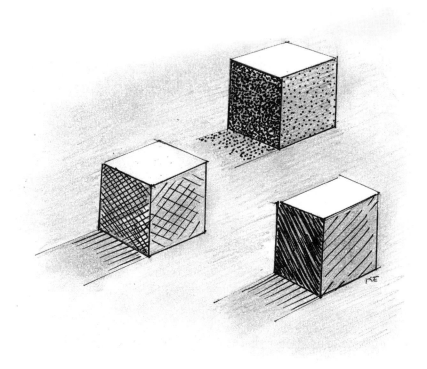

图6.1 不同光线、纹理的立方体

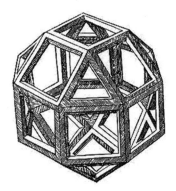

图6.2 莱昂纳多·达·芬奇的《多面体》(*Polyhedra*)，资料来源：卢卡·帕西奥
利(Luca Pacioli)1509 年版的《神圣比例》(*De divina proportione*)

现在，我们将深入研究如何使用阴影来表达光线、立面、深度、纹理、
焦点等概念。在图形中创造阴影的方法有很多，常用方法如图6.3所示，其中

包括点画法、划线法、交叉划线法、轮廓阴影和涂鸦等。我们可以通过观察纸上的痕迹来区分这些技法。

图6.3　阴影技法示例

6.2　使用加强符号

让我们重温一下第3章中讨论的点和线等基本符号。我们可以将这些符号进行风格化处理后添加到我们的产品图纸中，以有效传达立面、声音、运动、亮度和纹理等概念，如图6.4所示。

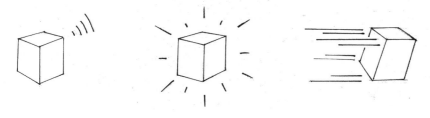

图6.4　加强符号示例

现在，让我们来看看如何使用阴影技法和加强符号来表达一些常见且抽象的概念。

6.3　表现光照

光照是我最喜欢的概念之一，了解光照的基础知识有助于理解随后介绍的相关概念。为了在绘图中创建光源，我们可以灵活使用前面提到的各种阴影技法来表示阴影。

点画法

许多经典画作都是运用点画法创作的，点画法使用不同形状的点元素构成画面中的图案。保罗·西格尼克(Paul Signac)的画作是点画法的范例，如图6.5所示。

图6.5　《圣特罗佩港》(*The Port of Saint-Tropez*)，保罗·西格尼克，1901年，布面油画，藏于东京国立西方艺术博物馆

在该作品中，他用一组点代替线条来构成场景中的每个元素，包括船只和建筑物。此外，他还运用点来描绘水、光和各种纹理。点画法虽然有些乏味，但却是在画面中创建阴影的有效方法。正如你从西格尼克的画中看到的，点的密度越高，阴影就越暗。注意图6.6所示的立方体。假设我们的光源在立方体的右上方，那么背光的两个面就会显得很暗。第1面是最轻的。第2面由于它没有直接面对光源，因此是稍暗一些的。第3面完全背对着光源并且远离光源，所以是最暗的，因此它包含最密集的点。

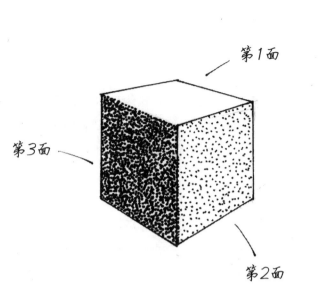

图6.6 光源照射下的立方体

为了使立方体看起来更加逼真，我们可以用一些点来表示最暗面的投影区域，如图6.7所示。这将赋予物体重量感和空间感，使光源看起来更真实。

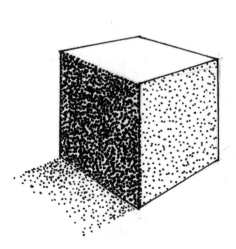

图6.7 用点表示阴影

图6.8 点画法示例

在图6.8中，我们将点画法应用于球体的绘制。注意阴影是如何遵循球的曲率的。当我们沿着光源向球体的左下角移动时，可以通过逐渐增加点的数量和调整点的距离来形成明暗渐变效果。

你可以试着画几个立方体和球体。可以使用本书中示范的立方体，然后给它加上阴影。在你掌握了这种技巧后，我们将继续学习其他的阴影技巧。

影线

影线是指使用线条来构成阴影。与点画法一样，线条的密度越高，阴影就显得越暗。回顾图6.9所示的立方体示例。再次注意，立方体背光一侧的阴影是如何变得更暗的。

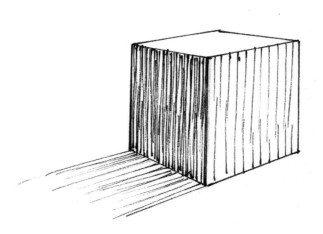

图6.9 影线示例

现在，我们看一个示例，分析如何通过增加阴影线的密度使球形表面产生阴影(见图6.10)。

剖面线

剖面线类似于阴影线，它们的方法原理相同。唯一的区别是，剖面线用交叉线条来构成阴影。同理，剖面线的密度决定了阴影的深浅，如图6.11所示。

图6.10　为球面增加阴影线

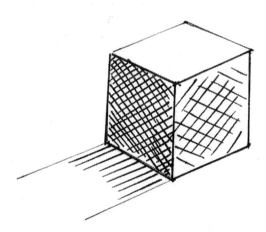

图6.11　剖面线示例

轮廓阴影

构成阴影的线条可参考基础形状的轮廓。注意图6.12中的弯曲阴影线是如何跟随球形轮廓的。

现在，我们增加难度。下面来看一个更复杂的形状，如图6.13所示。注意阴影线是如何遵循带状图形轮廓的。

图6.12　轮廓线示例

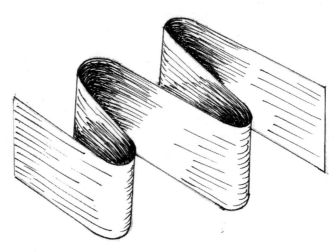

图6.13　不规则形状的阴影绘制

涂鸦底纹

　　最后一个技巧是使用基本的涂鸦。如果你用的是石墨和铅笔等工具，这个方法很管用。创作较暗区域的涂鸦底纹时，可以选用软性铅笔。与前述技法类似，涂鸦的密度越大，阴影越暗。图6.14展示了如何使用涂鸦给带状图形添加阴影。

图6.14　涂鸦底纹示例

你还可以通过手指来涂抹或混合阴影，让渐变过渡更平滑。我个人是纹理爱好者，所以我选择在阴影部分保留明显的铅笔笔触。为了达到更好的视觉效果，我甚至在物体周围添加了一些阴影来体现它的空间感。

6.4　使用立面图

在用户体验世界中，立面图可用于提高UI的可用性。它描述了视觉元素层次结构的重要性。这个概念广泛运用在近期流行的设计系统中，比如谷歌的材料设计。我们可以通过营造光感和阴影效果来为任何元素添加立面。思考一下，其实屏幕上的大多数元素都是相互叠加的，如图6.15中的界面展开图所示。立面图可以被视为UI中的一种提高整体可用性的方式，它可用于区分具有滚屏内容的区域。让我们来看看如何将其应用于一些基本的UI元素中。

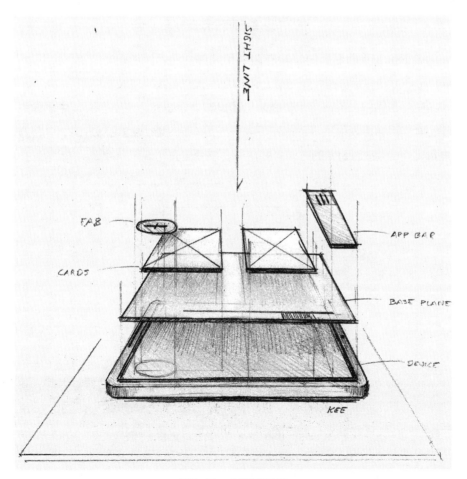

图6.15　立面图示例

模态框和对话框

模态框和对话框是大多数桌面用户界面中的常见元素，这些元素是一些面板，当你单击或点击屏幕上的选项时会弹出，它们通常包含附加信息和上下文操作。模态框和对话框通常看起来高于屏幕的其余部分。要绘制这些元素，首先应在框内绘制一个框，如图6.16所示。

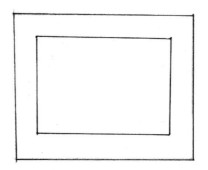

图6.16　绘制两个嵌套的框

接下来，我们沿着内框的左边缘和底部外边缘添加阴影，如图6.17所示。可任意选择阴影的绘制方法。内部面板现在看起来应该抬高了。

在此示例中，我使用阴影线来构建投影。假设光源位于图6.17中图像的右上角，阴影将投射到内框的左下角，注意构成阴影线的绘制方向。这种方法强调了光源投射阴影的方向，并使观者感受更真切。

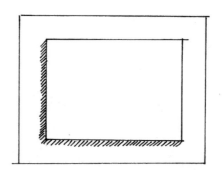

图6.17　绘制对话框的阴影

我们如何让这个面板变得生动起来，同时看起来像个对话框？为此，我们在内框顶部添加一个标题，在内框的右下角添加一些按钮，如图6.18所示。另外，我还将填充右边的按钮，表明这是一个首选按钮。

一些模态框和对话框元素还使用阴影来吸引更多的注意力。在图6.19中，我使用阴影线来填充内外框之间的空白。

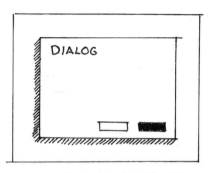

图6.18　为对话框添加标签和按钮

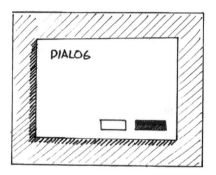

图6.19　完成对话框的绘制

在本例中，我利用了第3章中提到的一系列工具。一开始我选用了一支较粗的0.5毫米 Pigma Micron 笔。我用同一支笔创建了最初的投影。接着，我使用0.35毫米的笔来添加出现在内外框之间的额外阴影纹理。线条粗细上的不同为绘图增添了一种额外的精致感。这也有助于观者理解这幅画中阴影和色调之间的区别。

固定位置元素

加强线可用于表示UI中的固定或"粘性"元素。通过在应用标题栏下方添加平行加强线，可暗示其位置是固定的，如图6.20所示。

图6.20　用平行线表示固定位置元素

我们也可以添加一个滚动条图标(第4章)和一些列表项，如图6.21所示。
这种绘制方式表明应用标题栏应始终可见，列表内容在其下方滚动。

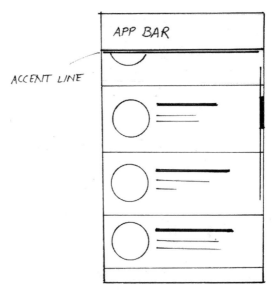

图6.21　绘制应用界面

或者，我们可以在应用标题栏下使用我们擅长的阴影线条来创建阴影，
如图6.22所示。

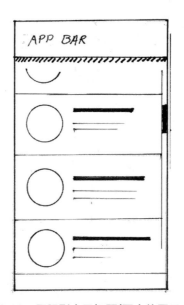

图6.22　用阴影表示标题(固定位置元素)

卡片

还记得第4章中的卡片堆叠示例吗？如图6.23所示。让我们添加一些额外的装饰来显示卡片是升高的。

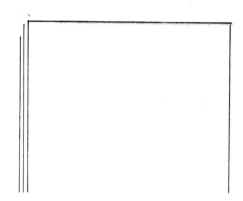

图6.23　卡片堆叠示例

我们可以在堆叠卡片的左侧和底部添加一些阴影线，使其具有层次感，如图6.24所示。

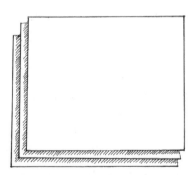

图6.24　用阴影凸显层次感

手势和光标

我们可以绘制悬浮的光标手来表示鼠标交互，如图6.25所示。

毕竟，鼠标光标是浮动在UI上方的，所以我们理应这样表示。另外，还可以使用阴影线技巧，添加阴影后的效果如图6.26所示。

图6.25　光标手图标

图6.26　为光标手添加阴影

在数字产品图纸中表示手势交互时，也可以使用同样的技巧。可以参考一个应用于移动应用布局的范例，如图6.27所示。

图6.27　用光标手表现交互

在该例子中，草图的目的是提出一个新颖的滚动交互，所以我夸张地突出了手势交互中使用的阴影。箭头表示手势方向，手势会导致视频播放器窗口的滚动和弹出。

其他UI元素

通常，需要绘制提升效果的其他UI元素包括操作按钮、警告、载入信息和状态指示器。使用上述技巧，可以赋予这些元素一种提升感，如图6.28所示。

这些技巧可以用在任何你想要凸显或在其垂直平面上显示出来的UI元素。赶紧试试吧！

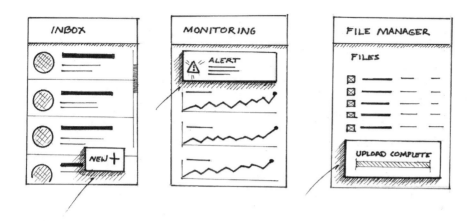

图6.28　按钮、警告和进度条的阴影效果

6.5　使用纹理

在某些情况下，纹理可以帮助你的同事理解你的UX设计图。例如，纹理可以被应用到按钮和动作等交互元素上，使它们在绘图中显得更有触感。图6.29描绘了一个带有纹理图案的UI选项控件，使用纹理是为了表明该图标是可交互的。

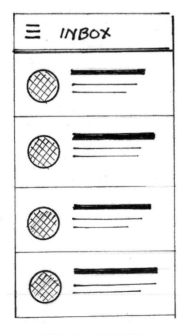

图6.29　纹理示例

添加这些纹理可以帮助其他人进一步了解产品绘图中的哪些元素是可触摸的或可交互的。

纹理可用于传达语义。如果你使用图表、图形和可视化来绘制产品，纹理可以帮助你的同事区分产品中不同类别的数据。这在绘制一些显示信息类别的图表(如堆积条形图、堆积面积图、饼图和圆环图)时特别有用。图6.30展示了堆积条形图。

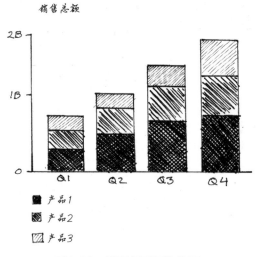

图6.30　堆积条形图的纹理

纹理还可用于表示产品质感。比如我们画一个盒子，通过在盒子的左上角和右下角附近绘制几条对角线，如图6.31所示，我们可以暗示这个矩形是由玻璃或某种有光泽的材料制成的。为了增加效果，这些线条的长度各异。这是一个高度风格化的解决方案，有画龙点睛之效。

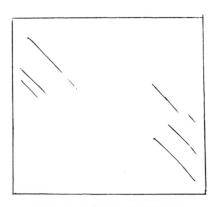

图6.31　表现盒子质感的纹理

在绘图中加入纹理的方法还有很多，这些仅仅是帮助你入门的建议。相信经过大量的实践和不断地积累经验，你还能创作出更多的纹理来表达新想法。

6.6　表现运动

运动是绘图过程中要考虑的最有趣的概念之一。在数字产品的绘图中，我们可以描述屏幕之间的过渡状态。运动则用来表示动画的过渡方式、外观和感觉，让我们尝试在绘图中表现运动的概念。我们先画一个矩形代表货车车厢。然后，为了更有趣，我们再添加一些代表轮子的小线条和圆圈，如图6.32所示。

图6.32　描绘轮子运动的细节

现在，让我们在货车车厢后面添加一些运动线来表示它向前运动。为了表达更准确，重点是从对象附近开始起笔，然后逐渐往其反方向画，如图6.33所示，线条的方向意味着运动方向。

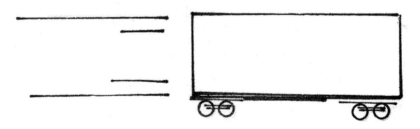

图6.33　用线条表示运动方向

除了添加运动线，还可以通过形状本身的形变来暗示运动。在图6.34所示的例子中，盒子发生了形变，盒子顶部水平线发生偏移，以暗示其向前的运动状态及速度。

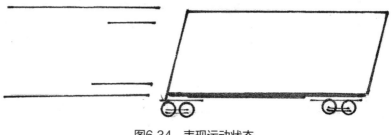

图6.34　表现运动状态

图6.34是UX绘图中使用运动线的示例。某些UI面板具有旋转的功能。图6.35展示了使用自旋过渡效果从一个面板过渡到另一个面板的示例，两侧弯曲的运动线充分说明了这一点。

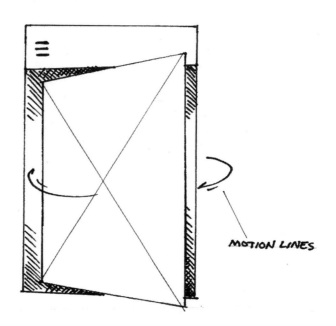

图6.35　表示自旋功能的运动线

6.7　表现亮度

想要在产品绘图中表现亮度，仅需少许线条就可以做到。除了凸显光源，亮度的概念还可以凸显数字产品中的重要元素。例如，亮度可以应用于图标。当出现警报时，该图标可以发光以吸引他人注意，它还可以安装在有LED灯的实体产品上，通过点亮来模拟视觉反馈。

让我们来感受一下。如果我们绘制从圆(如图6.36所示)放射出的加强线，则意味着该圆被照亮了。

图6.36　用射线表示亮度

线条的长短可以表示光源亮度的高低(如图6.37所示)，这是在不向图形添加任何阴影的情况下表达亮度概念的好方法。

图6.37　表现不同的亮度

我们可以对警报图标运用相同的方法，如图6.38所示。

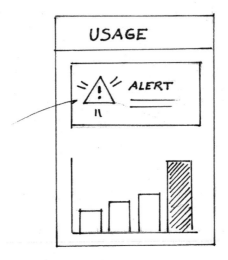

图6.38　在警报图标中使用加强线

6.8 表现声音

同样，我们可以用表达亮度概念的相同方法来表现声音。对于警报通知而言，可以使用与亮度相同的图形来表示显示通知时需要播放声音(见图6.39)。

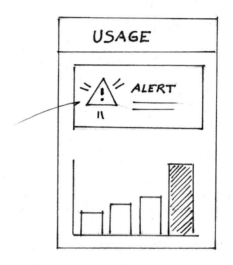

图6.39　用加强线表示声音警报

还可以使用不同的线条对音频的反馈进行符号化设计，如图6.40所示。

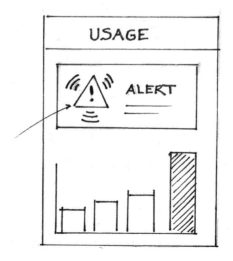

图6.40　用不同的线条表示声音警报

这里仅展示了表达这些概念的几种方法。其中，阴影是最常用的技巧。使用加强线来表示亮度、运动和声音，你可以在绘图中提供更多的细节信息。

正如艺术家在作品中使用这些技巧更容易使观者与他们产生共鸣一样，我们也可以使用技巧，让团队同事能够更深入地理解我们的想法。

我曾有幸与一位老朋友兼同事博贝(Borbay)取得了联系，他是*Time Out* 2009 年度最具创意的纽约客、成功的画家、NFT艺术家和画廊老板。他在自己的画作中运用了许多这样的概念。根据博贝的说法，当你正确地描绘光线时，你展示的就不仅仅是一幅画作。艺术家所营造的视觉氛围，不仅能和观者产生情感连接，还能为其带来身临其境的体验。图6.41所示的博贝的画作就是一个很好的例子。因此，在产品设计中使用上述技巧有助于推广你的好创意。

图6.41　博贝的画作

博贝还擅长在作品中使用纹理来营造深度和光感，以唤起观者的某种感觉。"通过夸张地运用光线和纹理等概念"，博贝解释道，"你可以创作一幅让观者潸然泪下的田野风光画作，同样也可以描绘一幅让观者喜笑颜开的狂风暴雨作品"。当然，这些技巧需要勤加练习才能掌握，假以时日，你定能在日常工作中娴熟运用。

与杰森·博贝的对话

杰森·博贝是一位艺术家、作家兼企业家。在接下来的采访中，他分享了他在绘画中使用的技巧，包括光照和纹理，以及如何将它们应用于产品和UX设计中。

在产品和UX设计中，该如何利用你的这些技巧来帮助人们理解想法的本质？

我的工作是过程驱动的。如果你去博贝网(borbay.com)点击一幅画，将看到其创作步骤的视觉概述。首先，画面中的图像被分解成一些基本几何形状，并用暖色铺开。接下来，每个元素都被仔细地绘制出来，阴影被遮挡住。从这时起，每个元素都与整个画布相协调，以呈现协调统一的视觉效果，这适用于任何事物。如果你想创建一个网站，首先是绘制概念草图，然后是屏幕布局，再将其框图化，形成功能模型来探索流程。同时，外观和感觉被开发出来，并最终应用于功能模型上，以提供最终体验。通过将复杂的东西剖析为最基本的元素，你的视野将会不断拓宽。而且，众所周知，修改UX设计比事后修改已定稿的产品方案更节省成本。

灯光似乎是你所有艺术作品的主要元素。在你的作品中，光感是如何呈现出来的？你如何使用灯光作为一种讲故事的方法或唤起观众的特定感受？

无光之处就是黑暗。黑色是没有光的，但可以在光中感受到黑暗，因此光是复杂的。当孩子在画一张脸时，他们把眼睛画在头顶，嘴唇和头发也画得很开，毫无关联，这会让人感觉不适。当你研究光时，无论你是在创造一张脸还是一盏霓虹灯，它其实都是关于形状的。光线越强烈，形状越引人注目。当你正确地传递光线时，你创造的不仅仅是一幅画——你还赋予了情感。成功的视觉效果能使你共鸣、动情，即使它们是静止的，但对于观者来讲，它们是活生生的体验。

你在作品中是如何增加元素效果的？你为什么要这样做？

我们有一个叫作"创意许可证"的小东西，我将不断地打破其边界，直到它被撤销。这可能包括省略构图中的某些元素，同时突出其他元素，这就是美术可以超越摄影和数字作品的地方。一幅田野风光的画作可以令观者潸然泪下，一幅描绘狂风暴雨的作品却可以让观者开心欢乐，其实，这一切都是经过深思熟虑和勤学苦练后的结果。

纹理和笔触在你的绘画中又是如何发挥作用的？我注意到你的一些画作，比如《暮色中的比尔特莫尔推杆果岭》(*Biltmore Putting Green at Twilight*)(如图6.42所示)的纹理非常丰富，而其他画作则不然，如《无线电城》(*Radio City*)。

图6.42　*Biltmore putting green at twilight*, Borbay, 2021

有一个意大利语术语，impasto，意思是通过纹理创造画面深度。在我的手势作品中，情绪波动很大，因为简单的笔触可以在画面中引入深度、光线和阴影的元素。在其他作品中，我有意识地使用笔触，让光线、空间和构图在没有变化的表面上"呼吸"。这有点像棒球比赛中的投手，即使你的投手能投出高速球，但如果对方的重量级击球手不擅长应对曲线球员，打不出弧线球，那么你就必须精心策划投出的球种，使之出局。

你的绘画风格是如何随着时间的推移而演变的？这些年来，绘画技巧和风格又是如何逐渐趋于成熟的？

有时，我觉得我根本没有变化，直到我回顾并重新翻阅我的画作。我的创作过程不断演变，变得更加复杂：变形虫变成鱼，鱼出水后又变成蜥蜴，开始直立行走。好了，剩下的你都知道了，这一变化过程在博贝工作室和画廊尤为明显。当我把2020年的作品与后续创作的作品放在一起看时，进步是显而易见的。这就是生活的美妙之处；如果你不断学习，就会不断成长——卓越便会不期而遇。我已经迫不及待地想看看我在2030年及以后的作品了。

　　进一步思考如何表达这些概念，可以帮助你与同事就你产品的外观、工作方式和对用户的响应展开更深入的交谈，你甚至可以影响用户在使用产品时的感受。

　　刚开始应用这些概念可能会让人感到害怕。是的，这需要一些练习。随着时间的推移，你可以不断地提高这些技能。重要的是，人人都有绘画的天赋，正如博贝所建议的那样，我们的艺术发展在幼年时期可能被一句"这不是最好的"之类的随意评论所阻碍。或者，与同龄人的能力相比，我们常常深感不足。假如我们的艺术能力被时间冻结，我们该抱以开放的心态将其激活。

第7章

系　统

　　到目前为止，我们深入研究了一套全面的可重复使用的元素或构件，它们可以用在所有的数字产品绘图中。我们还介绍了几种描述光、声音、纹理和运动等概念的方法。

　　现在你已经拥有了创建完整产品图的正确工具包。让我们把视觉库想象成图7.1所示的系统，它们就像设计系统中的组件一样，可以用不同的方式组合在一起，以开发、共享和协作无限创意，这就是本章的重点。

图7.1　视觉库系统

7.1　元素组合

　　还不相信吗？那我们来画一幅非常详细的用户体验图吧。接下来，利用我们的绘图系统创作多个画作来传达创意。现在，大多数UX设计图都代表了某种用户旅程、任务或流程，我们将在下一章详细讨论这个问题。在本例中，假设我们正在为移动设备设计一个新的电子邮件应用程序。

在开始之前，我们先定义一下目标任务。我们将展示如何在虚拟的新电子邮件体验中查找、阅读和回复电子邮件。要做到这一点，首先让我们头脑风暴一下回复电子邮件的过程。然后，将它映射到流程图中。记住，只要你能画出方框和箭头，就能画出流程图。

回想一下你最后一次查收邮件的情形。当你打开电子邮件应用程序时，我猜你会先查看收件箱，浏览所有未读邮件。这是流程图中的第一步，如图7.2所示。

图7.2　步骤1：查看收件箱

接下来，我猜你发现了一条吸引你注意力的消息，也许是一件紧急的事，你点击并阅读它，这将是流程图所示的下一步，如图7.3所示。

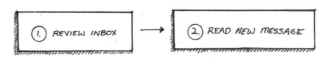

图7.3　步骤2：阅读新消息

最后，我猜你回复了这条消息。这将是流程图中的第3步，也是最后一步。记得给流程图中的各环节编号，如图7.4所示。如果你需要复习流程图，请回顾第2章。

图7.4　步骤3：回复消息

现在我们来画出与流程图中的每个环节对应的界面。首先，为了绘制收件箱界面，我们将使用应用程序栏、列表视图和浮动按钮。由于应用程序栏和按钮会漂浮在滚动内容的其余部分之上，因此我们将首先绘制它们，如图7.5所示。

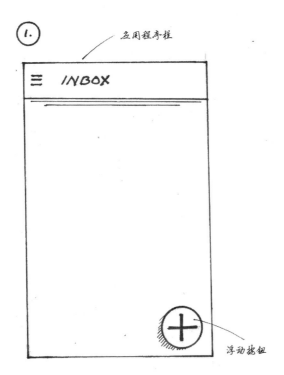

图7.5　收件箱界面

　　在此过程中，这些对象将出现在其他元素的前面。我在应用程序栏下面添加了一些强调线，并在浮动按钮的左下方添加了一些阴影线，以显示它们置于前端。

　　接下来，我们将添加一些列表项和一个滚动条，如图7.6所示。因为列表是在浮动按钮的后面滚动，所以不能把列表项中的任何元素都画在浮动按钮之上。为了方便起见，可以考虑用铅笔绘图，这样即使出错也能擦掉，以后你也可以用墨水笔在铅笔线条上重画。

　　由于收件箱界面中的消息列表是滚动的，我们将添加滚动条的图标，同时添加一些阴影线来示意应用程序栏保持在固定位置，而内容则在其下方滚动，如图7.6所示。

　　最后，我们可以添加一个光标手来表示点击哪个列表项可以进入下一个界面，如图7.7所示。

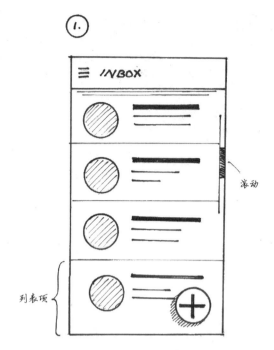

图7.6　使用列表项和滚动条元素

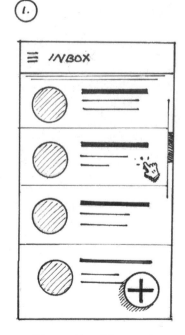

图7.7　使用光标手元素

　　我选择将它添加到第二个列表项之上。别忘了，我们可以使用阴影线在光标的左下角添加阴影。这意味着光标手并非实际界面布局的一部分。

　　现在转到第2步，在流程中展示下一界面。为了展示实际的消息，我们会做一些改变。首先，我们将绘制一个新界面。在应用程序栏中，我们不再使用标准菜单图标或汉堡菜单，而是画一个向后的箭头。另外，务必要为此界面添加一个标签，如图7.8所示。这样就可以显示我们现在位于新界面，并且用户可以退回到上一界面。

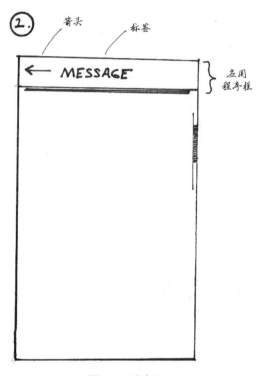

图7.8　消息界面

　　开始填充内容之前，先绘制消息标题区域。它将出现在应用程序栏的下方和实际消息的上方，显示消息发送者的头像、主题行、时间戳等。我们将使用前一界面列表项中的相同元素来表示它。消息标题区域如图7.9所示。

　　最后，我们在文本块的下面添加一些按钮，提示可以执行的操作。务必画一个指向REPLY按钮的光标。你甚至可以考虑使用阴影，并在按钮上标明"REPLY"，如图7.10所示。

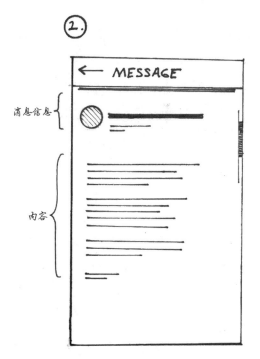

图7.9　使用标题和文本块元素

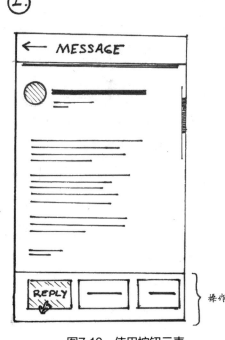

图7.10　使用按钮元素

最后，绘制第3步，也是最后一步。我们将绘制一个新界面，并布置一些表示表单控件的图标。接着，绘制另一个应用程序栏。我们将使用一个箭头并添加一个"REPLY"标签，如图7.11所示。

接下来，我们将添加此前在第4章中提到的一些表单控件。我们将添加两个文本框，分别表示收件人行和主题行，如图7.11所示。接下来，我们将添加一个文本区域。它代表进行回复的区域。我没有用线条来表示表单标签，而是将它们手写出来。这进一步向浏览者描述了每个文本框的用途。

最后，如图7.11所示，我们将在文本区域下方添加一个SEND按钮。我还添加了一个指向发送按钮的光标，这样我们就可以知道图中任务是如何完成的。

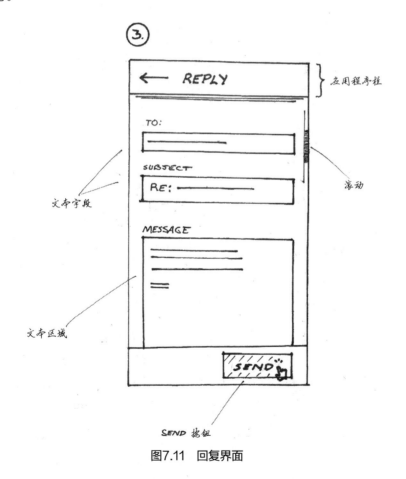

图7.11　回复界面

现在把它们都整合在一起。如果你还没有完成整合，就把流程图和相应的界面设计排列成一个组织有序的流程，如图7.12所示。

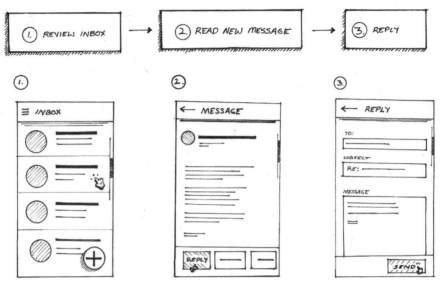

图7.12　流程图及相应的界面

如果你使用单独的纸张绘制流程图和界面图，可以把它们剪切下来，从流程图开始，将每个界面剪切并粘贴到相应的步骤下方。务必给界面编号，使其与图7.12所示的流程图中的步骤对应。你还可以在同一张纸上重新绘制流程图和界面，而不是剪切粘贴。如果你有专门的工作空间或工作室，里面有一堵空白的墙，还可以把所有图纸都挂在墙上并且拍照。

就是这样！我们刚刚绘制了第一批界面。这是一个内容丰富的用户体验图，描述了我们在虚拟电子邮件应用程序设计中回复紧急消息时所采取的步骤。在这幅图中，我们了解了整个过程以及每个界面的外观和行为。我们强调了演示过程中推动我们前进的关键交互点。通过显示元素(如某些界面上的应用程序栏)的高度，我们还提供了关于每个界面如何运行的额外细节。

7.2　创造新事物

如你所见，视觉库中的概念和元素系统是非常通用的，它在绘制流行的界面和UX元素方面非常有用。随着时间的推移和技术的进步，可能会遇到必须自己创建新符号、元素或图标的情况。要做到这一点，不妨通过组合基本

形状来创造新元素。其实，几乎所有你画的东西都可以被提炼成一些基本的
形状和符号。思考一下如何更好地利用本书中的这些基本概念。

最近我一直在思考如何将降水对高空飞行器和卫星网络的影响可视化。
我知道我想要创建的是某种程度上的3D天气可视化，突出显示飞行器和它们
的位置及其相互通信的能力。我还想在相同的可视化上叠加天气信息，包括
风和降水信息，但我不确定要怎么做。

我试图通过绘图打开思路。尽管可以尝试用头脑风暴法来可视化天气系
统和卫星网络，但我却诉诸自然来为最终找出解决方案提供灵感。

图7.13所示的一群椋鸟让我产生了用粒子系统表示降水和云层湿度的想
法。在我看来，这似乎是一个创意的开始，但我需要将其呈现在纸上。现在
看图7.13中的图像，你可能会觉得椋鸟看起来像一个一个的点。某些区域的
鸟会比其他区域更为密集。这似乎可以很好地转化为天气视觉语言。其中，
颗粒可以用来代表风暴系统，颗粒密度越大，云层中的湿度越大，降水率越
高。这在三维中也同样适用。

图7.13　椋鸟图片

现在来看绘图部分，请将每只椋鸟想象成图中的一个点，如图7.14所

示。这是否让你回忆起了我们在前一章讨论过的阴影表现方法？

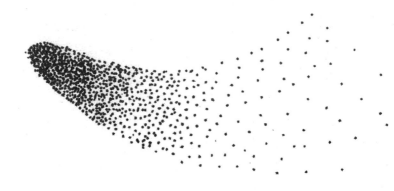

图7.14　椋鸟创意图

结合实际产品图(如图7.15所示)，你现在可以看到我是如何使用点画法来展示创意的。这些点代表粒子系统，你可以看到它是如何融入我的卫星网络可视化中的。在此图中，风暴正在影响卫星与地面站的通信能力。

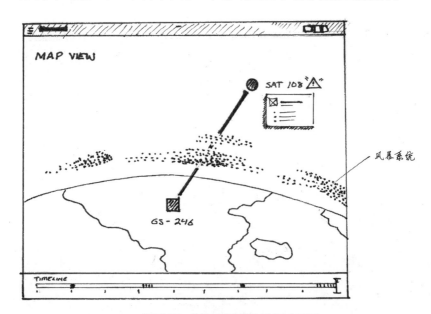

图7.15　在风暴系统中应用点画法

这是一个很好的例子，当时我正在和团队一起使用尖端技术开发一款全新的产品。我的一个同事甚至称其为科幻小说。在这个项目中，运用头脑风暴寻找方案时，我通过绘图帮助自己发现创意。我利用本书前面介绍的基本形状和标记来表达新的创意。虽然我头脑中并没有预先设定的图标或符号可用在可视化中以表示天气，但我在常用的基础标记上进行了创新。

随着时间的推移，你会越来越适应绘图，你会开始考虑如何利用符号、概念、基本形状和元素来创造全新的事物。当然，如果它对你适用，那么这种新图像就会不断丰富和完善视觉库。在接下来的章节中，我们将探讨更多实用的方法，用系统的方式应用你的视觉库来讲述引人入胜的故事。

第8章

用流程图讲故事

前面，我们已经介绍了"如何绘制"的内容，接下来讲点有趣的内容。我们已经有了一个有效的元素视觉库，并且回顾了它的使用方式，创建了一些屏幕和UX图，让我们看看如何用这些知识来讲故事。

上一章中，我们创建了一个基本流程。我们从流程图开始，根据流程中的每个步骤来绘制屏幕。大多数数字体验都是基于我们产品、网站或服务的用户的关键需求而设计，我们创建的解决方案理应帮助用户完成高优先级的目标和任务。

我们的设计应围绕此类目标和任务。因此，我们通常将设计呈现为流程中的一系列步骤或界面，用以表示我们为完成任务或实现产品目标而提供的方法。举例来说，让我们重温上一章的收件箱App流程(如图8.1所示)。这一设计是为那些想查找重要邮件并进行回复的用户而进行的优化。

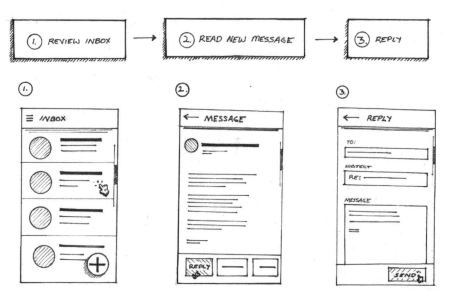

图8.1　收件箱App的流程及界面图

为实现这一流程，首先需要理解屏幕流程的语法，然后回顾一些能增加绘图效果的其他元素。

8.1　从语法开始

正如书面语言有英语、西班牙语、法语和德语等，视觉语言也有不同种类，本书讨论的正是数字产品和UX设计的视觉语言。让我们来思考一下视觉库的构建模块，我们可以将这些项目视为我们视觉语言的"单词"。如果我们回到收件箱流程(如图8.2所示)，那么界面元素(如电子邮件列表、信息和表单控件)就是名词。光照、运动、高度和纹理等概念进一步描述名词，这些是我们视觉语言的形容词。最后，我们在流程中采取的动作，例如点击按钮、手势互动、滚动和输入回复等，都是我们视觉语言中的动词。

一个好的流程是从语法开始的。就像我们能通过名词、动词和形容词的正确语法造出一个连贯的句子，通过视觉元素的正确语法，我们能为数字产品创作出描述任务或目标完成情况的连贯流程。如果我们在句子中省略一个单词，这个句子可能会失去意义。流程也是如此。如果我们在流程中省略一个步骤，它也会失去意义。让我们来一探究竟。

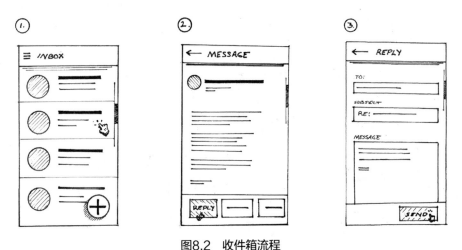

图8.2　收件箱流程

以我们的收件箱为例，如果在图8.2中省略了原始收件箱示例中的步骤2，那么流程就会变得更加难以理解，如图8.3所示。看到这里，你可能想知道我们是如何从左侧的收件箱屏幕直接转到右侧的回复屏幕的。收件箱屏幕上看不到直接回复邮件的选项。

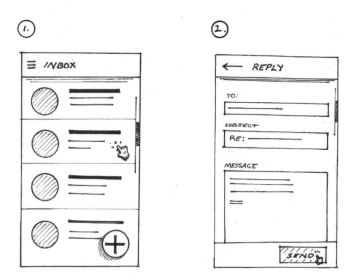

图8.3　缺少中间步骤，流程中的屏幕不相干

这不仅仅是屏幕缺失的问题，每个屏幕中都有一些关键元素可以帮助我们理解这个流程的语法。例如，如果我们删除图8.4所示的每张图顶部的App栏，我们就会失去流程中的方向感，在这个流程中寻找路径就要困难得多。

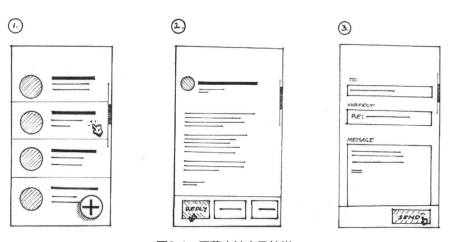

图8.4　屏幕中缺少导航栏

记住，当你分享一个新想法时，你的队友并不会读心术，他们是第一次看到你的想法。因此，重要的是要确保每个屏幕中都包含了所有必需的元素，并且把每个步骤都标示出来。

在科技行业，我们的工作术语正在不断演变。并不是每个人都知晓这些术语。你的绘图可以进一步解释你正在使用的术语。在写这本书时，元宇宙和Web3风靡一时。起初，并不是每个人都知道这些指的是什么。绘图可以用来更好地表达因不断发展的技术平台、新界面和空间而产生的创意。要做到这一点的底线是：我们的队友需要看到所有的屏幕，并理解为完成我们所提出的产品目标或任务而采取的所有步骤，即使有些步骤看起来是多余的。

8.2 展示交互

交互是将我们的流程和故事脚本连在一起的粘合剂，也是我们上文中提到的视觉语言中的动词，因为它们表示了人和产品的交互方式，所以它们是所有用户体验绘图的关键部分。它们还展示了人们将如何进入下一步，以实现目标。如果能帮助你的团队理解人们如何到达一个屏幕，如何进入下一个屏幕，那么团队会更好地理解你的想法。

为了展示交互，我们将使用不同类型的光标和手势图标来表示流程中不同类型的交互，如图8.5所示。第5章中更详细地介绍了绘制此类元素的方法。

图8.5　不同的手势图标

在我们的收件箱示例中，你会注意到每个屏幕上都显示了一个小小的触摸交互。我们可以假设这是将我们推向下一步的交互。在图8.6中，我放大了这些交互，从而使人们更容易注意到它们。

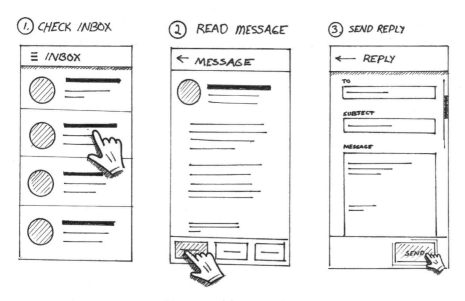

图8.6　用光标手展示交互

　　另一种让我们关注操作序列的方式是直接绘制箭头，将每个屏幕按操作顺序串联起来，如图8.7所示。这取决于你希望人们将多少注意力放在流程图中描述的交互上。这确实会使人们忽略屏幕中的一些界面细节，但却可以更有效地显示流程中的交互。

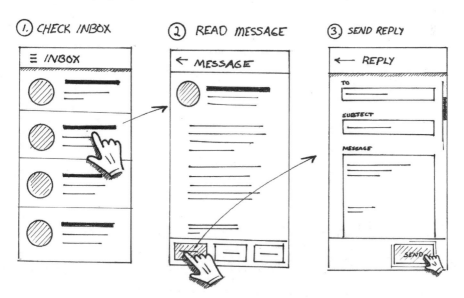

图8.7　用箭头串联交互操作

假设我们正在创建一个表示照片App关键屏幕的流程。如图8.8所示，该流程演示了人们如何找到上个月旅行中的最佳照片，并和家人朋友分享。由于该App将在移动设备上运行，因此需要依靠滑动和滚动等手势来查找照片。注意它们在图8.8中的表示方式。

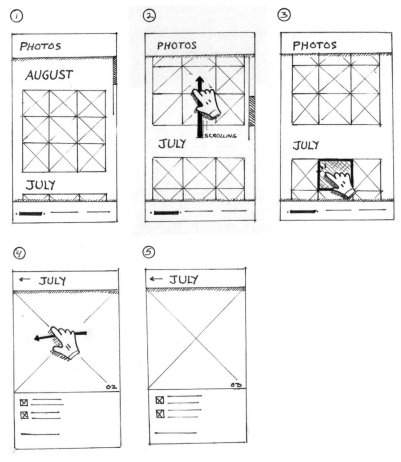

图8.8　照片App的流程

8.3　信息够用即可

观察图8.8中的步骤4和步骤5，你会发现它们看起来十分类似，很难辨别出这两个步骤之间有什么区别。步骤4中的手势图标以及步骤4和步骤5中图像右下角的数字02和03是表明屏幕发生变化的唯一线索。有时，在这种情况下，我们需要更明显的图示，表明由于步骤4和步骤5之间的滑动交互，导致了一些变化。让用户知道在该特定流程中，可通过滑动来访问下一个图像。为了突出这一点，我使用一些基本的标记和阴影来表示每张照片的内容，如图8.9所示。

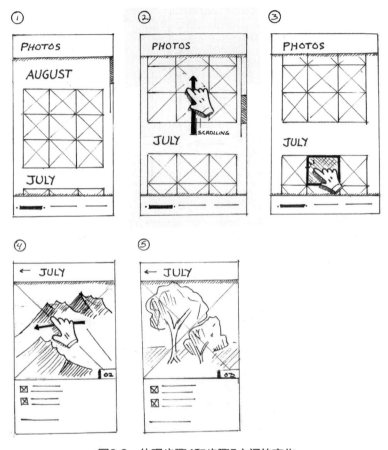

图8.9 体现步骤4和步骤5之间的变化

绘图的关键在于让这两个图像看起来截然不同。这样一来，看到这个图像的人就能理解滑动手势让我们看到了一个全新的图像。步骤4中的第一个图像是一些山脉，步骤5中的图像是一些树。你可以用不同形状或任何你希望的方式来呈现图像的变化。

8.4 描绘过渡

在某些情况下，动画可用来帮助人们快速感知界面的变化，如果设计得好，还能帮助人们了解其工作原理。正因为如此，我们应该在绘图中使用动画，尤其当动画是设计方案的关键时。我们可以使用箭头和运动轨迹线(如图8.10所示)来演示动画过渡的工作原理。

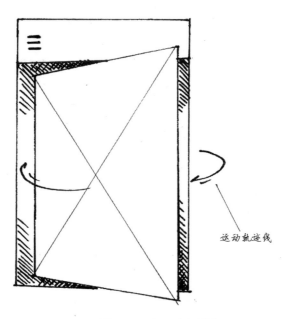

运动轨迹线

图8.10　表示动画过渡

现在，回顾照片App的流程。虽然手势在连接流程中的屏幕方面能发挥很好的作用，但仍遗漏了一些可以更好地描述流程细节的信息。让我们在流程中添加几个关键的过渡屏幕，如图8.11所示。借此，我们能够进一步描述交互、后续动画以及从照片网格到单个照片过渡之间的关系。

此示例中，我们添加了两个过渡屏幕。第一个如图8.11的步骤4所示，显示了在步骤3中点击的照片。这张照片变成了一张卡片，它向前推进，占据了整个屏幕。这有助于我们理解如何从步骤3过渡到步骤5。在该过渡框架中，照片卡的其他细节逐渐出现。箭头显示了照片卡片的扩展方向。

步骤6中，我们可以看到另一个过渡屏幕。这一次，我们看到了由于上一步中滑动交互而渐入式呈现照片的效果。这表明了人们如何向前滑动，进而导航至卡片视图中的下一张照片。我还加入了山脉和树木的图像，使过渡更加自然。这也有助于我们理解步骤5和步骤7之间的区别。

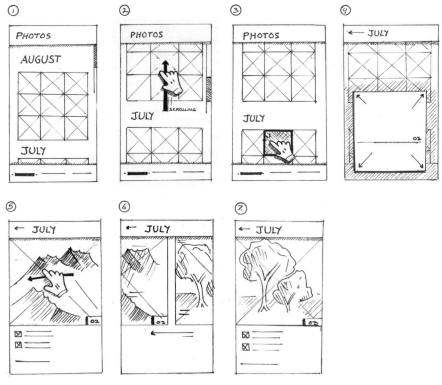

图8.11　添加步骤6，描绘照片过渡

8.5　标签和标注

　　由于我们的视觉库主要由具有象征意义的形状和图标组成，因此我们通常需要添加文本和注释来进一步描述我们的想法。

　　首先，我们可以使用标签来替代线条，以表示屏幕的标题和内容部分。让我们回顾下远程医疗App示例。我在图8.12中分离出了这张图的一个关键部分。注意我是如何通过手写标签来进一步描述视频提要、摘要、照片和其他细节等内容块的。此类标签位于图纸中的右侧。我还用标签来表示将出现在此屏幕中的内容大纲。这样可以提供更多有关屏幕显示信息的层次结构的细节。该索引如图8.12右侧所示。

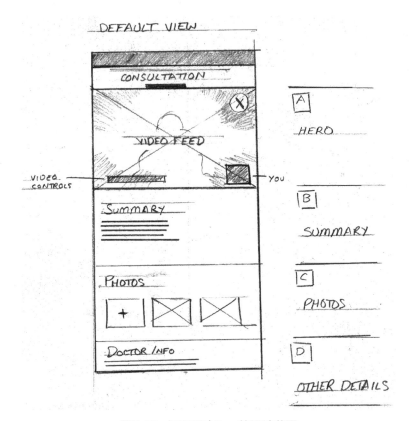

图8.12　远程医疗App的设计草图

除标签外，注释可用于进一步强调绘图背后的思考过程、布局的组织方式及其与现实世界的约束和场景的关系。

图8.13是完整App图纸的另一个独立视图，指向一个附加的注释和涂鸦，从而描述布局在全屏模式下的工作方式。这些注释出现在医疗咨询屏幕布局图的右侧，虽然尚未涉及完整的全屏模式，但是此类注释可用于开启对话，有助于队友和项目利益相关者集体讨论全屏视图的工作原理。

让我们回到完整图纸，如图8.14所示。根据图上的标注(annotation)，我们知道该图展示了同一屏幕的两个不同版本。左侧的第一张图是屏幕的默认状态，第二张是滚动视图，演示了视频播放器在整个咨询过程中如何在屏幕其余部分滚动时保持固定。每个屏幕上方显示的标签和图8.14中强调的一些其他注释细节有助于我们理解这一点。

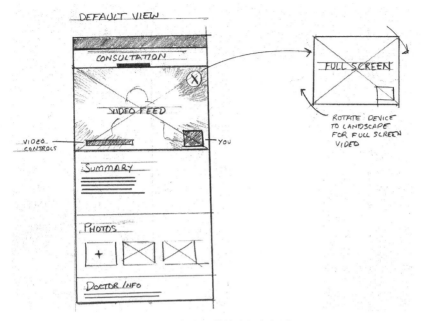

图8.13　在必要的地方添加标注

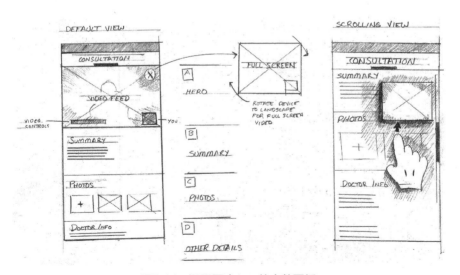

图8.14　远程医疗App的完整图纸

　　当你向团队展示图纸时，所需的注释可能并不多。如果你的图纸是演示文稿的一部分，留待日后阅读，那么注释可能要多一些，因为日后看到的人可能并不了解项目背景。本例中，图纸被整合到一张幻灯片中，而幻灯片是更大的设计演示的一部分，其中包含大量的补充文字。

当我们讨论文本和注释时，手写标签很重要。这样，其他人可以阅读你的笔记和标签，尤其当你不在的时候。虽然我的字写得不好看，但我总是努力写好，以便优化产品绘图。

我一直很欣赏弗兰克·劳埃德·赖特(Frank Lloyd Wright)等著名建筑师的作品，他引入了一些革命性的新建筑技术，让我受益匪浅。他的想法通过标注精美的图画清晰地表达出来。正如Wright为建筑界引入了很多新创意一样，我们也在科技行业引入了许多新创意。

很早以前，我就采用了类似的手写风格。毕竟，大多数蓝图都是用大写字母书写的。这种风格给人一种严肃和专业的感觉，这也是我想在自己的作品中体现出来的。

标签定位和调平也很重要。如图8.15所示，我们可以先用直尺和铅笔画出构造线。构造线将为手写标签提供一个简洁的基线。我们可以通过构造线来对齐标签中各大写字母和小写字母的高度。

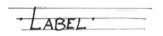

图8.15　设计标签

最后，书写美观也很重要。我们应该始终使用干净的线条来绘制每个字母。即使每个字母需要花更长的时间，那也没关系。慢慢来！清晰的标签可以让你的队友在理解你的图纸时少走很多弯路。你会惊讶地发现，现有图纸的质量可以得到快速提升。

如果你对自己的笔迹或在草图中添加标签和注释的能力仍不满意，可以考虑扫描图纸并将其嵌入设计演示文稿，然后以电子方式录入标签注释。

8.6　建立构图意识

正如你想的那样，我们的用户体验绘图会变得非常详细和复杂。即使是最优雅的界面设计，说明一项任务可能也需要好几张图纸。重要的是，还需要考虑这些草图的合适位置，以及它们将服务于什么目的，这将帮助你确定如何最好地安排流程。

举例来说，我们之前使用的构图(如图8.16所示)一次展示了所有内容，
包括工作流图和相应的屏幕，如果你有一个专用的用户体验空间，并且打算
把你的图纸挂在一面大墙上，那么它就会呈现出很好的效果。如果使用的是
白板，该方法也很有效。

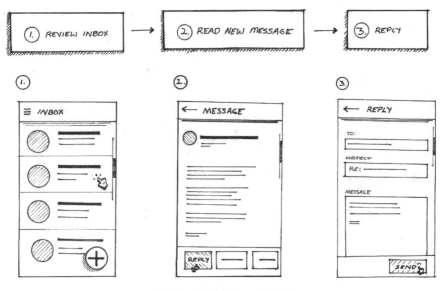

图8.16　收件箱App的流程

如果你要把你的草图做成电子版PPT，或者要创建一个多页演示文稿文
件，你的流程可能会跨越多个页面或多张幻灯片。在这种情况下，你可以考
虑每页展示一个屏幕，如图8.17所示。注意我们在每个页面上都使用流程图
来提供额外的上下文和路径查找信息。并且相应的步骤在流程图中始终突出
显示。

迷你地图是一种关键的路径查找机制，尤其是在有多个屏幕和步骤的长
流程中。如果产品的信息结构对你的团队更重要，你可以在每页绘制一个小
型信息架构(IA)图，而不是绘制流程图来显示上下文和位置。根据每页中展
示的流程步骤，你可以让屏幕与它在IA中的位置相对应，如图8.18所示。

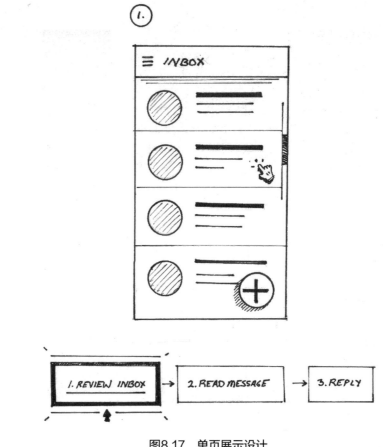

图8.17　单页展示设计

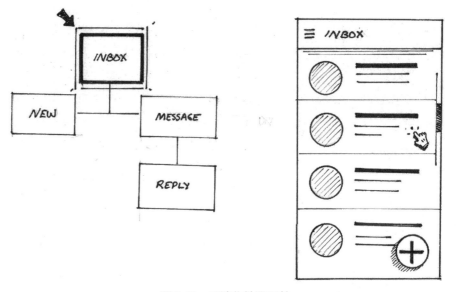

图8.18　用迷你地图导航

这只是一些帮助你创建流程的示例。如果流程分为多个页面，那么务必要考虑使用哪个元素在流程的每个页面上提供更丰富的上下文，是流程图、IA图，还是其他。这里的可能性是无限的。我将在下一章详细介绍如何将不同类型的绘图与流程结合起来，从而讲述引人入胜的故事。

无论你给流程使用什么组合，为了提高可读性，都必须考虑一些策略方面的事。绘图可能非常复杂，因此，在每个流程中规定一个起点很重要。应考虑到不同文化背景下的阅读方向。西方文化是从左到右，从上到下阅读。鉴于这一点，第一个屏幕应该出现在流程的左侧或顶部，如图8.19所示。我强烈建议对这些步骤进行编号，以进一步明确流程中的起始屏幕。

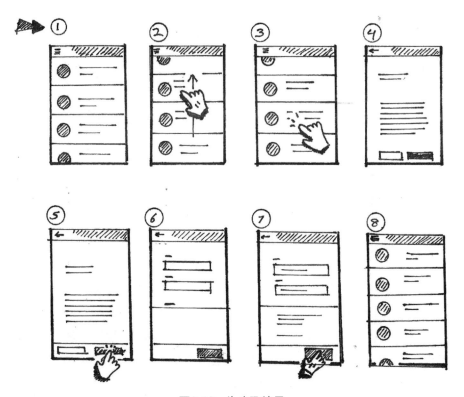

图8.19　为步骤编号

流程的顺序和方向也很重要，对于线性流程，编号是一种好方法。一些屏幕流程可能包含决策点和相关性，并突出显示多个结果。对此，我强烈建议使用箭头连接每个屏幕，如图8.20所示。

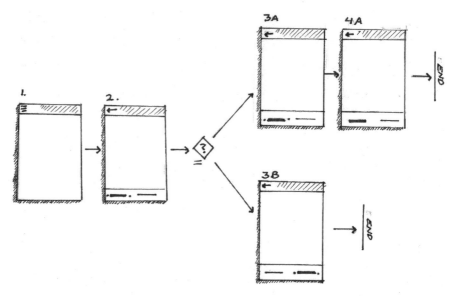

图8.20　用箭头指示顺序和方向

　　最后，可以通过对齐来提高图纸的可读性。垂直流程上的屏幕应彼此水平对齐。此外，我建议确保屏幕中的一些关键元素也对齐。这样就能优化流程，提高可读性。毕竟你更希望你的队友专注于图纸的内容，而非形式。

　　当我开始设计新图纸，尤其是设计演示文稿时，我会用铅笔绘制构造线来确保屏幕及其元素对齐，见图8.21。这一示例也展示了我绘制图8.19所示的流程所用的构造线。一旦你开始在图纸上用墨水笔绘制，你就可以擦除这些线条，没人会知道它们存在过。

　　有一点再怎么强调也不为过。屏幕及其关键元素的清晰排列将使人们更多地关注流程的内容，而很少关注它们是如何绘制的。

　　如果你想开发和共享基于屏幕的产品设计，使用"流程"是最佳方式。它能帮助你和你的团队专注于为你的产品用户提供最佳的方法，这样用户通过使用你的产品可以完成重要任务或实现他们的目标。

　　思考流程的语法能帮助你更好地表达，从而让你的队友和利益相关者更好地理解你的想法，注释将帮助你进一步描述设计中的步骤和关键细节。思考概念图的作用及人们使用它的方式，可以让你更好地决定如何构建流程并优化布局，以提高可读性。

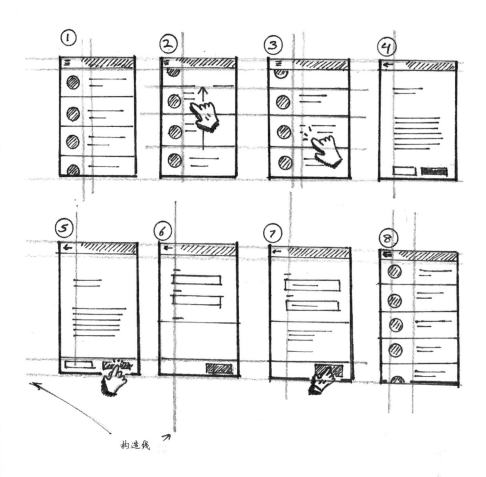

图8.21　整齐的流程图范例

　　这些思考将有助于你从团队中获得正确的反馈，并使团队能够专注于重要的事。现在我们已经介绍了流程的基本知识，那么下一章将介绍如何利用上述知识来讲述一个内涵丰富的故事。

第9章
讲述引人入胜的故事

现在我们将对绘图进行组合，形成可持续的流程，从而产生更多乐趣。我们将把重点放在与同事分享绘图的艺术上，使他们能够与你的想法产生共鸣。

我最喜欢的画作之一是《神奈川冲浪里》，如图9.1所示。你知道这幅画是关于什么的吗？乍一看，你也许会认为这是关于潮汐的描绘，或者是一艘即将倾覆的船只。毕竟，这些元素在构图中占据了显著的位置。

图9.1　《富岳三十六景——神奈川冲浪里》，日本画家葛饰北斋

原来这幅画描绘的是富士山，背景中的就是富士山。事实上，《神奈川冲浪里》只是《富岳三十六景》作品系列中的一幅而已。图9.2、图9.3和图9.4均为该系列的作品。你会注意到，这个系列中的每幅画都具有独特的构

思，并且均可从中欣赏到富士山的美景。这座火山在某些画中被表现得异常醒目，而在某些画中则隐藏为背景元素，略显低调。

图9.2 《富岳三十六景——江都骏河町三井见世略图》，日本画家葛饰北斋

图9.3 《富岳三十六景——相州江之岛》，日本画家葛饰北斋

图9.4　《富岳三十六景——本所立川》，日本画家葛饰北斋

为本书撰写前言的曼努埃尔·利马因其在数据可视化方面的工作而闻名，他曾经在一篇文章中把富士山比作一个数据集。在这篇精彩的文章里，曼努埃尔阐述了如何通过无限的方式来查看数据集，就像艺术家葛饰北斋在《富岳三十六景》系列中创造不同的角度观赏富士山一样。

事实证明，就像曼努埃尔·利马认为数据集是富士山一样，我们可以把自己的想法也比作富士山，用多种方式去观察它们，还可以通过绘图展示一个或多个观点。如果我们对视觉库中的元素进行整理和组合，就能创建独一无二的视角，最终在与同事分享此图的时候把这个观点传递出去。那么我们想让同事们看到什么？我们希望他们从我们的想法中得到什么？我们希望他们有怎样的感受？什么是他们关注的重点？这些仅是我们在构思一个想法时需要考虑的一小部分内容。

构图决策的结果决定了视觉陈述的目的和含义，并对观众的感受和体验产生强烈的影响。为了让我们的画引起同事们的共鸣，重要的是要让他们意识到我们的想法是现实的、吸引人的且落地的。

创建能与队友共享的绘图是十分有益的。因为图能帮助他们深入了解你的想法，同时提供深层次的反馈，使你可以高效地构建创意，从而推动设计思维向纵深延展。毕竟，团队协作才是最好的设计。让我们一起来探索如何通过讲故事来提高绘画的效率。

9.1 现实世界的约束

当创建UX图时，我们要时刻牢记真实世界的场景和约束，这些将影响我们在整个产品设计过程中的决策，与现实脱节的设计很少会取得成功。即使我在主持设计研讨会，也会注意到那些没有考虑到现实约束的图纸通常会被团队迅速抛弃。综上所述，将想法与现实联系起来并不难。让我们一起来看看在现实中建立想法时需要考虑的事。

内容为王——其他一切都是水到渠成

多年前，当我作为一个年轻设计师刚刚进入职场时，我很看重甚至是执着于视觉设计。实际上，我学的是美术专业，受过正规的视觉设计培训。毕业后不久，我的第一份工作是在宾夕法尼亚的一个大学城里一家不大的夫妻广告代理公司工作，负责为斯克利普斯网络、路创和雅虎设计网站与网络促销方案。

那段时间就像在学校一样，我被鼓励用草图去描绘初步构想。我会先对打印的草图进行审查，然后针对创意主体和视觉主题，结合要考虑的因素设计出不同的布局方案，使文案变得更加鲜活。遗憾的是，这样做会让我过多地关注总体设计而非内容本身。

当我从概念草图转移至电脑创作设计时，才开始关注内容本身。在此期间，我意识到那些早期的绘图是无用的，它们只是纸上粗糙的图案，没有考虑用户生成的内容、可编辑的内容或者有扩展潜力的内容。当时，我想知道绘图的价值究竟是什么？这是一个诚实的新手会提出的问题。然而，我在整整五年的时间里忽略了绘图本身的价值。

直到我职业生涯的后期，当时我在费城一家享有较高声誉的用户体验咨询公司——Electronic Ink与一个经验丰富的团队及领导共事，我才领悟到绘图所能提供的价值。在观察同事并认真留意他们的工作流程后，我才如梦初醒般地意识到内容才是首位的，其他的都是第二位的。

当我分析文本，研究它的主要观点以及所支撑的潜在故事时，我开始思考如何通过绘图将想法恰当地表达出来；如何以适当的流程和基调，来更好地融合内容与视觉体验；如何把大小不一的内容结合并融入网站的不同区域，从而做出更好的网页设计。

信息源

这个例子来自我早期的职业生涯，主要是关于网站的；当涉及数码产品的界面时，内容仍是王道。在考虑UX绘图的组成部分和屏幕上的元素时，请思考一下那些将会被应用到这些元素中的信息。

如果你不是在处理静态内容，那么很多问题就会浮现出来。它从何而来？现在能获得吗？多久更新一次？有必要显示上次更新的时间吗？保持内容持续发展的计划是什么？

如果内容是用户生成的，那么我们将不得不考虑各种情形。当我们和同事共享绘图时，一定要谈及这些情况。设想一下，我们正在创建一个销售数码相机的电子商务网站，计划在每个产品页面的底部设置一个顾客评论窗口，如图9.5所示。

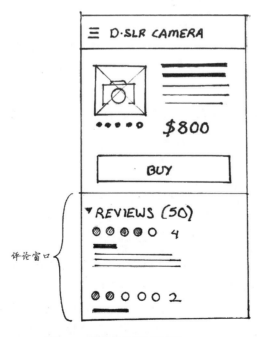

图9.5　电子商务网站示例

由于顾客评论是用户生成的，因此可能有些产品会有许多评论，有些产品则完全没有评论。我们应当考虑到如果窗口区域没有任何评论，是空白时，那看起来会如何？如图9.6所示。

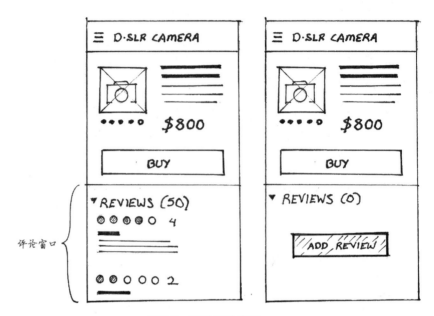

图9.6　设计评论窗口

这些只是同事可能会提出的一部分问题和场景，尤其是涉及内容和来源时。在这个过程的早期，你不必把所有的细节都具体化，但要知道这些细节的重要性，因为这些思考将能帮助队友更快地理解你的想法。让我们来看看更多在现实中构建想法的方法。

界面模式和小窗口

让我们继续探讨以内容为中心的设计方法。在数码产品、APP或者网址中，考虑要展示的内容和文字的数量很有必要。让我们回顾一下前面数码产品评论窗口的例子。在这个例子中，由于评论的内容是用户生成的，因此评论的长度会有很大的差异，所以考虑数量很重要。

每个评论都可能很长，尤其是那些对产品不满意的客户发布的评论。在设计图中考虑到这些问题并决定对多长时间的评论进行处理(如折叠)非常重要。一个简单的滚动条，或在每个评论里应用"SHOW MORE"标签以及扩展控件应该会有所帮助，如图9.7所示。即使你不想在图纸上决定解决方案，做个标注也是值得的。和同事分享时，这表明你已经考虑过这些情况了，这点很重要。

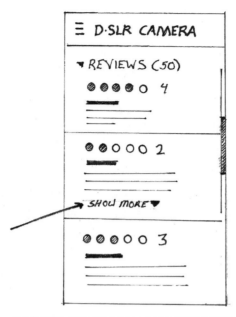

图9.7　为评论窗口添加滚动条和"SHOW MORE"标签

　　此外，还要考虑评论的数量，这让我有更多的期待。评论会出现在多个页面上，还是会在单个页面上逐步加载？如果能展示小部件或小窗口是如何处理大量信息的，将会很有帮助，如图9.8所示。

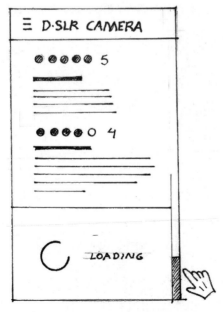

图9.8　为评论窗口设计动态加载页面

浏览数据

在设计仪表板和可视化信息时，必须考虑数据的规模。如果我们正用可视化的语言来展示关键的理念，或者回答用户提出的与数据相关的重要问题，那么首先，理解数据集的大小是很重要的。预先查看真实数据集将会影响决策的制定。比如在可视化中，数据点的数量级是个、十、百、千还是百万？

想象一下，我们正在创建一个统计事件出现概率的可视化方案。如果处理的是一组有限的事件，假设是几十个事件，并且每个事件的持续时间对用户很重要，那么可以用在"泳道"上的块来表示。每个块代表一个事件，其长度表示事件持续的时间，如图9.9所示。我们甚至能看到事件重叠的情况。当然，这只有在处理个别事件时才有效。

图9.9 条形图

如果我们要表示的是数百万计的事件，并且让人们能在这些事件中看到意想不到的峰值和低谷，那么前面提到的"泳道"就适合了。但在一条泳道上显示数千个事件，易读性会差很多。反而，柱状图是一种更具扩展性的解决方案，它可以用来呈现无限数量的事件，如图9.10所示。柱状图还能更好地突出显示事件发生的突发趋势、峰值和低谷。

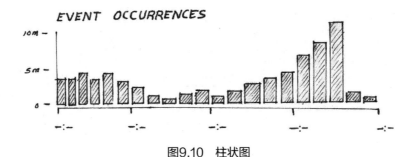

图9.10 柱状图

如果我们打算用图表来显示时间变化的趋势，并且已知有很多数据，但展示图表的空间有限，也许我们应该在绘图中加入面积图(如图9.11所示)，而不是柱状图或条形图。另外，折线图作为波形图比柱状图更具有可读性。

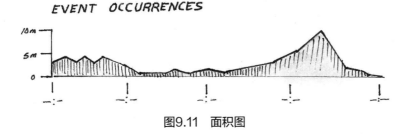

图9.11　面积图

　　了解数据集并考虑它如何在图表中放大或缩小，将使你能做出更现实的设计决策，即使是在勾勒初始想法的早期也应如此。这些考虑因素将让你的绘图更加真实，当与团队其他成员分享时，它们也会使你的想法更具体。

展示新事物——开启对话

　　虽然你应该随时准备好讨论你的手绘提案是如何考虑现实世界的限制的，但有时，在展示中可以增加一些有远见的想法，用来扩展思维的广度或提供一个全新的视角。你可以在你认为必要的时候把这些重要的想法加入到你的演示文稿中。也许它会给你的产品路线图带来有意义的改变。绘图的好处是它不需要太多投资，用绘画来开启谈话再合适不过了。如果你决定这样做，只要准备好解释为了达到这种状态而需要消除的约束。比如，"如果我们有X的访问权限，我们现在就可以做Y，就像这张概念草图所描述的那样。"

　　当你在工作过程中不断采用绘图这种方式时，你会逐步了解和你共事的人，以及需要提供的细节。如果你的队友天生就更有远见，那么可能不需要你过多的解释。如果他们是不习惯看图纸的人，那么通过清楚地描述图纸如何尊重现实世界的限制和场景，并使图纸尽可能具体就显得很重要。人们将借助更详细的绘图和标注来理解你的创意。

9.2　唤起情绪

　　有时，也许是在股东见面会上，你会使用设计图来推销自己的创意。此时，应考虑一些能让你的观众下意识地与你的图画产生共鸣的方法，这时全力以赴非常重要。让我们来了解一些这方面的小技巧。

首先也是最重要的，尝试调动队友的积极情绪。我一直很喜欢手表，你是否留意过，在手表网站或广告里，手表的读数永远是10点10分，如图9.12所示。

图9.12　细节1：让手表指针呈V形

比V的手势给人一种积极的感觉，你可以把类似的小技巧用在数码产品的绘图里。如果我们回顾一下视觉语言中的元素，就可以用一种非常具体的方式加以描绘。让我们一起来看图9.13中的图表。注意柱状和线条是如何向图表右侧增加高度的。

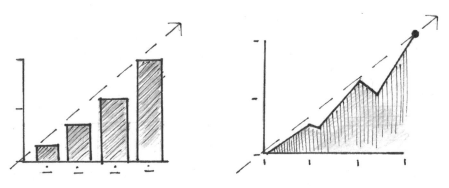

图9.13　细节2：让图表呈现上升趋势

通过隐性的前进和向上运动可以唤起积极的感觉，我们可以将这些类似技巧应用于纹理和阴影中。例如，图9.14中的收件箱设计图，圆形轮廓图像中使用的阴影线条是从左到右斜向上的。这个微小的细节很容易被忽视，但它的确能让观众在观看时感受到积极的氛围。

最后再来看一下相同的收件箱示例，但这次，我们着重注意图9.15中用箭头突显的向上悬浮的操作按钮。

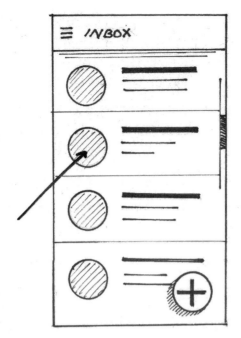

图9.14　细节3：圆形中的阴影线条是斜向上的

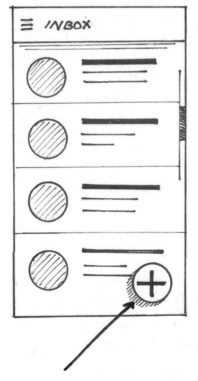

图9.15　细节4：向上"飞"的箭头

　　注意到按钮底部用来显示提升效果的阴影线的方向了吗？也在向上倾斜，再次唤起同样的积极的感觉。

　　作为人类，平衡的需求是影响我们精神和心理的最重要的因素。多尼斯·A. 东迪斯(Donis A. Dondis 1973，22)在她的《视觉素养入门》(*A Primer in Visual Literacy*)一书中详细描述了平衡的重要性。平衡成为我们最坚定和最强有力的视觉参考，包括有意识和无意识地做出视觉判断的偏见，看似不稳定的物品会造成视觉压力。作为人类，我们会下意识地通过在形状上施加垂直轴和水平轴来评估形状的稳定性，如图9.16所示。即使是极微小的角度旋转也会破坏这种强加的平衡感，造成压力。注意，右图(不是水平的)比左图(水平的)释放出更大的压力。

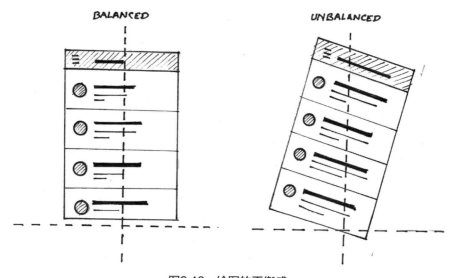

图9.16　绘图的平衡感

　　除非特殊的动画需求，或绘制非常重要的屏幕元素(需要突出显示)，否则，应确保图纸中产品的所有项目结构合理，如图9.17所示。左图圆形轮廓相互对齐并堆叠，结构上看起来是合理的。而右侧没有对齐使得列表看起来不稳定，显得头重脚轻，造成视觉压力。像这样注重细节可使队友在看图时更轻松。

　　这些技巧很微妙，但在给观众营造积极的第一印象方面，却发挥着举足轻重的作用。第一印象很重要。人们在初看画面的毫秒内就已经形成第一印象，它们可以持续数月(Gunaydin，Selcuk和Zayas 2017)，即使个人看法与事实相违背，也会影响个人判断(Rydell和McConnell 2006)。这就是为什么在创作数字产品绘图并与同事分享时，要考虑这些看似微不足道的细节。

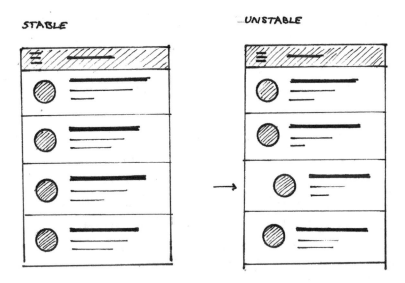

图9.17 绘图的一致性

9.3 调整视觉语言

某些情况下可能需要调整视觉语言以适应观众的习惯。让我们回顾一下第2章中的练习，在这个练习中我们探索了数字7和14的表示方法。其中一个示例使用钟表来表示，如图9.18所示。

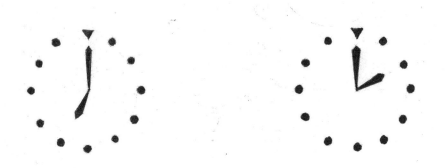

图9.18 用时钟表示数字

　　当你第一次看到时钟的图示时，你会认为它们代表7和14这两个值吗？对于大多数生活在美国的人来说，这幅图或许并不直观，因为他们不在军队或是医疗保健部门工作，因此可能会将这幅图解读为2，而不是14。对于这部分人来说，有更好、更可靠的方法来表示7和14这两个数值，如图9.19所示。

图9.19　用点表示数值

　　让我们回顾一个真实的例子，当时我不得不对图中的视觉语言做出调整。2012年，我花了很长时间与纽约市一家受欢迎的投资银行合作。由于《多德-弗兰克法案》(Dodd-Frank Act)和2008年的大衰退，美国证券交易委员会(SEC)要求银行改变开发和推出新金融产品的方式。当时的流程冗长而臃肿，没有人确切地知道该如何完成它。

　　可以说这是一个紧张的项目。利益相关者团队花了几个星期的时间试图向我们描述该问题。它太复杂，因此在整个过程中，我们总会因各种问题而备受困扰。该团队当时使用了传统的工作流程图，用于沟通产品评审过程中的步骤。图9.20展示的是传统的工作流程图示例。

　　这些图表极其复杂，团队中没有人能够理解其蕴含的潜在视觉语言。只因人们无法理解，合作和收集反馈的机会便错失了。

　　我很快意识到，我们需要一种新的方式来表达相同的想法。我开始思考如何把视觉语言调整为让每个人都能同步理解的方式。召开过几次设计研讨会后，我们制定了一个全新的、理想的流程。

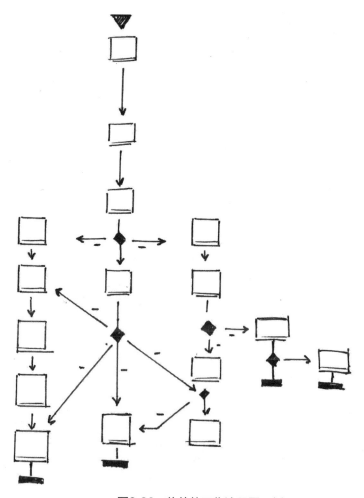

图9.20　传统的工作流程图示例

　　为了传达新的工作流程，我尝试采用地铁路线图的视觉语言。毕竟，大多数股东居住在伦敦、纽约或东京，这些城市的地铁系统非常有名。用大家熟知的地铁路线图作为视觉语言，能让股东团队更好地理解我们对这个复杂过程的重新设计提案。

　　通过采用站点和列车线路的方式，能够阐明如何设计一个新的产品审批流程以适应每个用户。地图描绘了产品提案者收集的数据。图9.21显示了这张路线图的局部。路线图通过长长的提案表格展示了可能的路径。该图还强调了审查过程中最具影响力的步骤。

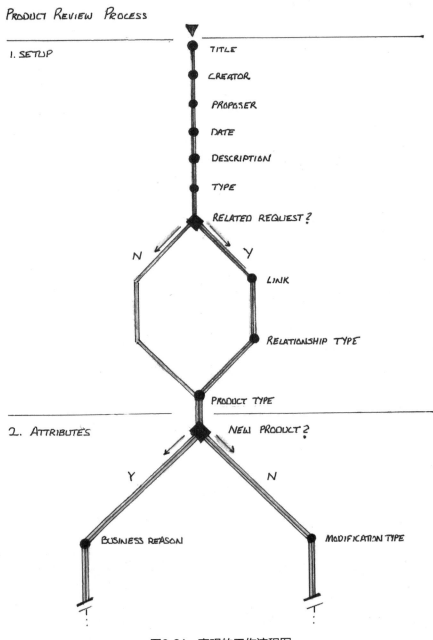

图9.21 直观的工作流程图

　　我们使用标志来突出每个步骤所需的特殊要求。由于我们正根据此过程构建一个庞大的提交表单，因此还可以通过此图来明确该产品输入和捕获数据的方式。我们从地铁图中如何突出显示电梯、换乘通道和付费电话等特殊功能中获得启发。快速轨道和设有更多站点的本地路线(见图9.22)上说明了哪些区域需要根据先前的输入来获取额外的信息。

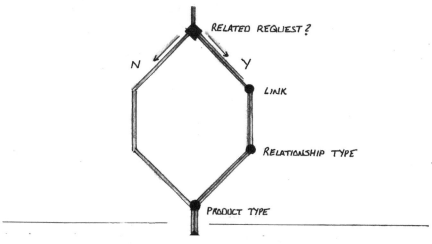

图9.22 绘制分支

我们使用颜色和阴影(见图9.23)来表示不同的地铁线路和换乘点,以便团队可以在整个过程中遵循主要的路线。

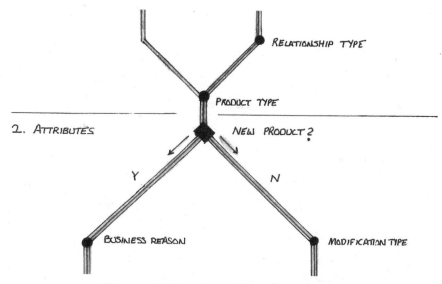

图9.23 利用颜色和阴影等视觉语言进行绘制

与传统的工作流程图不同,使用这种熟悉的可视化语言来表达需求和工作流程,意味着即使我们没有亲自到场展示,不同的用户也可以理解我们的设计意图。用一种超越文本的熟悉语言表达,观众将更容易提供反馈并接受。这种视觉语言不仅促进了研究、设计、内容策略和开发团队之间的协作,还赢得了客户IT团队的赞赏。因此，该地图成为该IT部门的需求记录文档。

这只是一个例子，说明如何改变图表中使用的符号、图标和视觉语言，从而彻底改变了团队对同一概念的理解。随着你对绘图越来越熟悉以及视觉库的不断增长，你将能够根据受众和他们的观点想出更多创意和好点子。

9.4 导向和地标

由于我们使用绘图来开发并与同事分享新创意，因此，帮助他们在流程或故事板中保持方向感非常重要。毕竟，这是他们第一次看到你的新创意。正如在一个精心设计的手机应用程序或可视化场景中，有必要让人们了解他来自哪里，如何到达这里，以及可以去哪里。在第8章中，我们介绍了能实现此目的的技巧。比如，在单个屏幕图旁边显示迷你地图和数字标签，将会让你的同事在绘图中找到方向感。这是一个好的开始。

地标是另一种向导机制，在许多现代生活的体验中很常见。比如迪士尼幻想工程师在其公园的中心枢纽放置了一个大型城堡地标(见图9.24)。它是公园里最高的建筑，几乎从任何地方都可以看到。

图9.24 大型城堡地标

进入公园，游客可以立刻看到这座精心设计的城堡，如图9.25所示。从这个角度看，城堡会吸引游客们沿着主走廊进入公园的其他区域。无论你在公园的哪个地方，都可以欣赏到城堡的景色。

图9.25　引人注目的地标

当客人走到通往公园其他部分的路而不知所措时，只要看到这个地标建筑，就有办法回到入口走廊。这条视线，或城堡的景色，是整个公园关键的向导机制。它给客人一种位置感和方向感。正因为如此，迪士尼才能够最大限度地减少指路标牌的使用。

我们可以在数码产品绘图中使用相同的导航技巧。在创建UX图与队友分享时，你应该考虑如何在图中使用视觉地标，以使同事与你的想法保持一致。这样可以减少无关文本的使用。最终能减少一些混乱，且更容易传达你想法的关键点。

让我们看一下图9.26中的示例。此流程描绘了具有丰富功能的单个屏幕。每张绘图的底部都可以看到导航选项卡。在整个体验过程中，选中的选项卡始终保持在同一位置。我们可以将这些选项卡视为关键的地标。它们将像迪士尼的城堡一样保持静止，无论屏幕上出现什么画面，我们总能看到导航选项卡并知道我们在哪里。

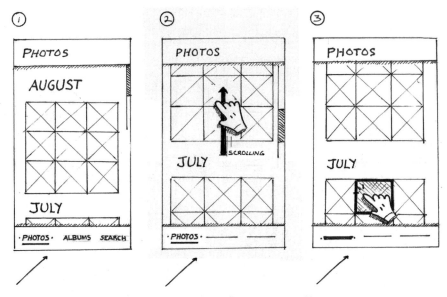

图9.26 发挥"地标"作用的导航选项卡

　　一旦选项卡被确定为地标，我将开始在后面的屏幕中删除该地标中的一些细节。这是因为焦点通常会从全局导航转移到我们所在的特定屏幕的细节和功能上。这样做会使我们专注于特定屏幕上的更重要的细节，减少不必要的干扰。在这个例子中，你会注意到我在前面的屏幕中包含了导航页面的所有标签。在接下来的屏幕中，我删除了未被选中的选项卡的标签，但确保选定的选项卡始终位于同一位置。这消除了干扰，并将焦点放在眼前的交互上。

　　就像在迪士尼乐园一样，当穿过城堡，进入公园后，我们开始关注当前所在地点的细节和景色。城堡的细节我们不需要都知道，只需要清楚它的位置就足够了。

　　另一个提供优良向导的例子是在从一个屏幕到另一个屏幕过渡时重复使用关键的视觉元素。让我们回到收件箱的例子，如图9.27所示。

　　在这个例子中，我们将重点介绍前两个屏幕。让我们来看看图9.27中用箭头突显的对象，注意左侧列表中的元素(包括圆形轮廓图标、列表标题和副标题的文本)是如何在右侧重复使用的。这些相同的元素以同样的排列方式和表单标题出现在右侧的消息屏幕上，注意它们是如何以相同的方式绘制的。例如，头像图像使用了同样的阴影技术，左侧和右侧的标题和副标题的长度相似。注重这样的细节将有助于人们更好地理解你的想法。

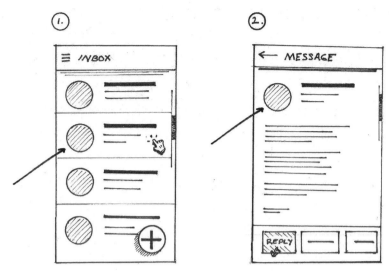

图9.27　重复使用的元素

现在，让我们退一步讲，不要忘记重复使用屏幕元素。这不仅对绘图过程有好处，而且有助于我们完成任务。在这样的交互中，重复使用屏幕元素，最终会提高你正在开发的应用程序的可用性。

9.5　编排及时机的选择

在某些情况下，引入绘图元素的顺序能帮助我们团队成员更好地了解问题的范围、我们的理念以及最终的解决方案。当我们在打印的演示文稿中翻页时，可以逐步引入新的元素。可以通过几张幻灯片介绍新元素，也可以按特定顺序在白板上绘制它们。让我们回到卡内基梅隆大学名誉教授博雅斯基分享的轶事。第1章中，我们讲述了博雅斯基教授邀请学生用白板描述问题的情形。一位学生解释了她的小组是如何设法找到一种有效的方式，让人们在控制河上的驳船交通时能实现相互沟通，如图9.28所示。

博雅斯基认为，绘画是描述问题的有效措施。他还解释说，更有价值的做法是让故事和绘画一起展开。这确实

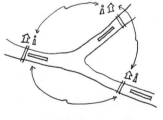

图9.28　管理员沟通问题示例

让班上的其他同学能够理解这个问题。

　　例如，演示者首先通过绘制一些元素来展示其小组对三条河中移动驳船的现状评估，如同电影中的开场镜头或漫画中的分镜格一样。这有助于全班对背景和语境达成共识，帮助学生共同理解问题。可以看到，他们正在讨论三条相交河流的船舶交通效率问题，如图9.29所示。

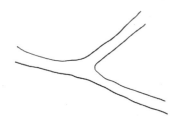

图9.29　绘制河流

　　这个学生通过绘制闸口逐步将额外的约束条件和复杂性引入问题中。将闸口表示为阻碍船只前进的线条(如图9.30所示)，同时告诉全班同学一次只能通过一艘船，这带来了船只在三条河流上下流动的一个关键瓶颈。驳船和闸口的展示引发了潜在叙事的张力。

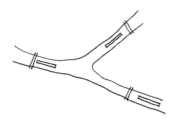

图9.30　绘制闸口

　　最后，添加控制站和管理员为故事增加人性化的元素，如图9.31所示。当演示者讲到故事的高潮时，图纸也画好了。

　　绘图的最后补充部分概述了解决上述痛点的机会，即让控制闸口的管理员能够更好地沟通和规划交通流量，如图9.32所示。

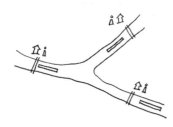

图9.31　绘制控制站

　　如果我们事先看到的是完整的图纸，就会错过其中一些关键细节，而这些细节恰恰为故事埋下了伏笔，明确了改善沟通的机会。

　　将元素按顺序添加到图纸中可配合你讲述的故事情节。科恩博士在《漫画的视觉语言》一书中列出了几种符合情节发展的图像类型。在这个顺序中，图的第一元素是我们的大方向(见图9.29)。接下来，我们看到了驳船闸口被拉动，这建立了故事的张力(见图9.30)。故事的高潮出现在绘图中添加人物时(见图9.31)，我们意识到他们无法相互沟通。最后，当最终的元素被添加到绘图中时，完整的故事呈现出来(见图9.32)。在这一最终状态中，我们看到了故事的结果，箭头代表了改善河流交通管理员之间沟通的机会。

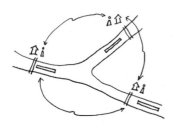

**图9.32　描绘管理员
沟通问题**

当你使用图画来讲述有关产品或服务的故事时，请考虑如何将元素逐步展示出来，以支持不同的故事情节。应该用什么来建立背景？在你的故事中可以使用哪些元素来营造紧张气氛？是什么元素支撑着故事的后续？思考这些问题将使你能够在展示一幅图的同时采用适当的叙事方式，以与队友产生共鸣。

由于我们在本书中采用的方法，我们实际上能够仔细考虑将这些元素引入绘图的时机和顺序。通过一些练习，你将不需要再考虑如何在视觉库中绘制所有元素。相反，你会更多地考虑如何将它们组合成一幅有意义的画。你甚至可以在与同事交谈的同时绘制它们。当进入这种舒适的状态时，你就可以开始纵观整个故事和你想要表达的重点，就像学生们介绍船舶交通场景时所做的那样。

如果情况允许，并且你想在白板上分享你的好创意，那么在团队讨论解决方案时，可先用记事本或速写本练习画画。通过这种方式，你可以找出你想要画的元素以及它们的重要性和先后顺序，从而讲述一个引人入胜的故事。一旦拿起白板笔，你基本上就掌控了整个会议，所以一定要最大程度地利用它。

9.6 包装好你的绘画

我的妻子总说，一切都在包装里。对于草图来说也是如此，图摆放的位置以及如何摆放，决定了人们对它的关注度。我试着将自己的画，尤其是早些年的画挂在工作室里，这样就可以与它们共处一室，并在潜意识中反思其内容。随着时间的流逝，你对这项工作日益熟悉，你要么会对自己的想法有更多的了解，要么会对它们不屑一顾。悬挂或展示其他素材有助于新领域的探索(Buxton 2007，154)。这有助于我在初期提出更好、更深层次的想法。如果你在家或办公室拥有一个专属的UX空间，我建议你把画挂在公共区域，这会吸引同事前来欣赏，并引发出关于工作的有趣对话。这种随性的互动不仅能带来好的创意，更能帮助你习惯在轻松随意的氛围中讨论你的工作。尤其是在向股东汇报工作的正式场合，我通常会在每张图或者一组图片旁附加一些小贴士来展示更多的备注，这种方式特别有用。

展示绘图的方式有很多种，比如可以将图片插入幻灯片或PDF中。如果你手写的字不够漂亮，给幻灯片添加注释的方法会更适合。你也可以结合

第8章中提到的一些技巧，组合迷你地图、流程图和屏幕等，用故事表达你的想法。

如果你正在制作正式的设计演示文稿，那么最好使用扫描仪来扫描图纸，而不是使用手机拍摄。这样将使你的画在视觉上具有光泽感和细腻感，可以确保不存在失焦等问题，并能够把所有细节展现得淋漓尽致。

根据前一节中讨论的关于时机的选择和编排，你可以为每张幻灯片添加新元素，以帮助用户更好地了解问题范围和解决方案。你还可以考虑在你最喜爱的虚拟会议应用软件中录制演示文稿，这样就可以在切换幻灯片时自动播放旁白。如果你是一位成功的公众演说家和讲述者，这种方法非常奏效，尤其当你无法到场宣讲或展示工作时。

这些仅是你在创建UX图时需要考虑的事情。本章着重介绍了制作引人入胜的演示文稿的技巧，以使你能获得同事的最佳反馈。在图中展示实际场景和存在的约束，有助于你在同事之间，特别是即将构建相似理念的工程师之间树立威信。改善图中的视觉语言，并在图中设置适当的地标，将有助于你的团队更好地理解你的观点。如果你要推广某些想法，先想想如何才能巧妙地调动队友的情绪。最后，通过改善视觉语言，使用关键地标，以及选择在图中展示元素的时机，这些都是为了帮助同事更好地理解甚至参与到你的创意中。

第10章

不断精进

    尽管未来几年，我们创造的技术、平台和服务都会发生变化，但绘图将始终在开发新创意方面发挥作用。本书所涵盖的系统方法将为你提供所有必要资料，帮助你继续绘制、分享并实现伟大的创意。

    在整个过程中，随着人员、流程和技术的不断发展和成熟，你必须不断更新完善视觉库。大多数情况下，你要绘制的任何形状或元素都可以分解为几个基本图形。试想一下你该如何在纸上做标记以表示这些形状。你可以运用阴影等技巧来表示灯光、立面和纹理等概念，以进一步描述视觉库中的这些新元素。

    基础流程将始终保持不变。你可以考虑如何围绕你的绘图构思故事，以及如何向团队展示它。我们介绍了几种通过绘画创造引人入胜故事的方法。

    还可以将系统的绘图方法应用于产品设计以外的其他领域，以应对更大的挑战。比如可以用绘图来帮助患者理解实验性的癌症治疗。教师可以利用这些技巧帮助学生更好地理解重大历史事件是如何展开的，也可以用它来帮助学生理解高等数学和科学课程中出现的难以理解的抽象难题。

    绘图可用于解决大规模的复杂问题，如清除海洋垃圾、应对气候变化，以及消除社会不平等。虽然这听起来很崇高很遥远，但创作是充满无限可能的。

    在写本书时，我消耗了500多张纸，绘制了300多幅图。其中有些是练习图，而另一些是不成熟的想法。如果你是一个有环保意识的人，可能会觉得这是一种浪费。考虑到这一点，我们不要忘记回收利用。如果你有一个院子，可以考虑栽种一棵树。我在写完这本书之后就这样做了，如图10.1所示。当你开始创作更多的画作时，我鼓励你也这样做。

图10.1 为环保种下希望，为创意注入绿色

绘图有一种魔力。有时，我们会在绘图中第一次看到可以将一种形式应用于新创意上。一幅画可以让人们聚集在一起，开始一场有意义的对话，也可以让人们在低风险的环境中迸发创意火花。

现在我希望你能从容地接受绘画，更希望你能将它作为你生命中的一项长期体验，同时要牢记，最重要的不是绘画本身，而是它带给你的体验和灵感。

参考文献

[1] Aban, Serra. 2021. "How to use UX Modals the Right Way + 7 Examples." *UserGuiding*, December 24, 2021. https://userguiding. com/blog/ux-modal-windows.

[2] Biondo, Joseph. 2021. Personal interview, November 4, 2021.

[3] Borbay, Jason. 2022. Personal interview, March 14, 2022.

[4] Boyarski, Dan. 2020. Personal interview, July 9, 2020.

[5] Bullock, David. 2021. Personal interview, November 4, 2021.

[6] Buxton, Bill. 2007. *Sketching User Experiences: Getting the Design Right and the Right Design*. San Francisco: Morgan Kaufmann Publishers.

[7] Crothers, Ben. 2018. *Presto Sketching: the Magic of Simple Drawing for Brilliant Product Thinking and Design*. Sebastopol: O'Reilly.

[8] Dondis, A. Donis. 1973. *A Primer of Visual Literacy*. Cambridge: The MIT Press.

[9] Eilers, Søren. 2005. "A LEGO Counting Problem." Last modified April 2005. http://web.math.ku.dk/~eilers/lego.html.

[10] Eisenhuth, Kent, Jeanne Adamson, and Justin Wear. 2013. "Making Complex Simple." In Proceedings of *the 31st ACM International Conference on Design of Communication*, 183 - 184. SIGDOC '13.

[11] Gray, Dave.2020. "Squiggle Birds." *Gamestorming*, August 3, 2020. https://gamestorming.com/squiggle-birds.

[12] Gunaydin, G., E. Selcuk, and V. Zayas. 2017. "Impressions Based on a Portrait Predict, 1-Month Later, Impressions Following a Live Interaction." *Social Psychological and Personality Science* 8, 36 - 44.

[13] Hassard, Steve, and Carolyn Knight. 2022. Personal interview, April 19, 2022.

[14] Hench, John, and Peggy Van Pelt. 2003. *Designing Disney: Imagineering and the Art of the Show. A Walt Disney Imagineering Book*. New York: Disney Editions.

[15] Hlavacs, George Michael. 2014. *The Exceptionally Simple Theory of Sketching: Why Do Professional Sketches Look Beautiful?* Amserdam: BIS Publishers.

[16] Leborg, Christian, and Diane Oatley. 2006. *Visual Grammar*. New York: Princeton Architectural Press.

[17] Lima, Manuel. 2017. *The Book of Circles*. New York: Princeton Architectural Press.

[18] Lima, Manuel. 2014. "The Great Wave off Kanagawa." November 24, 2014. https://medium.com/@mslima/the-great-wave-of-kanagawa-de2ea4b7871f.

[19] Lupi, Giorgia, and Stefanie Posavec. 2018. *Observe, Collect, Draw!: a Visual Journal*. New York: Princeton Architectural Press.

[20] Ortiz, Santiago. 2020. "45 Ways to Communicate Two Quantities." *Rock Content (blog)*. April 29, 2012. https://en.rockcontent.com/blog/45-ways-to-communicate-two-quantities.

[21] Roam, Dan. 2013. *The Back of the Napkin: Solving Problems and Selling Ideas with Pictures*. London: Portfolio/Penguin.

[22] Rydell, R. J., and A. R. McConnell. 2006. "Understanding Implicit and Explicit Attitude Change: A System of Reasoning Analysis." *Journal of Personality and Social Psychology*, 91, 995 - 1008.

[23] Thorp, Jer. 2013. "The Human Experience of Data." *Interaction13*, January 18, 2013. Toronto:IxDA.